策劃的力量

無形資產的累積與保護

從傳播到策略
揭示企業崛起的核心

吳文輝 著

THE POWER OF PLANNING

打造有「牌」有「品」的成功品牌
建立企業家個性化形象
從市場調查到效果評估，資金的有效投入
掌握品牌策劃的三光原則，成為目光焦點

抓住時代趨勢，讓你的品牌如日中天

目錄

第六章　廣告策劃，廣告競爭中勝出的大勢所在

第七章　媒介策略策劃，掌握媒體利器

第八章　通路策劃，銷售成功的關鍵

第九章　網路行銷策劃，時代趨勢的必然選擇

第十章　企業家個人品牌策劃，亮出最佳形象

前言

一個民族，只有在不斷創新中，凝聚力才能不斷增強；一個國家，只有在不斷創新中，生機活力才能不斷煥發。那麼，一家企業應如何進行行銷策劃創新以達到抓住目標閱聽人眼球的目的？一家企業又應該採取什麼樣的行銷策略，才能讓目標消費者們記憶深刻呢？

「行銷是企業的生命，策劃是行銷的靈魂。」市場經濟的發展讓越來越多的企業管理者意識到：行銷策劃是一門「運籌帷幄，決勝千里」的藝術，是行銷管理總體活動的核心，每家企業成功的市場拓展背後幾乎都需要由精心的行銷策劃來支撐。

行銷策劃是否成功關係到企業的生存與發展，而獨特奇妙的行銷創意是市場行銷成功的關鍵。社會發展日新月異，行銷手法層出不窮，市場行銷與策劃創意已為廣大企業所重視，而對於策劃功效的認知提高，也促進了企業策劃意識的加強，策劃公司與專業策劃者不斷湧現。在市場行銷發展實踐取得進一步的成功經驗後，如何更好地結合市場實際情況，結合迅速發展變化的國際市場情況，採納各國的成功經驗，借鑑優秀成功企業的行銷策劃經驗，採用最新的技術手法等展開行銷，並提升策劃能力和創意，已成為許多行銷人員和企業高階主管、投資企業人士的追求。

本書拋棄了枯燥無味的講述方式，力求注重實效與創新，盡可能地反映行銷策劃理論、實踐發展的最新動態。透過案例，方便讀者掌握重點、了解相關知識背景、學會理論結合現實，同時為讀者展示出行銷策劃波瀾壯闊、如火如荼的壯麗畫卷，便於讀者快速掌握行銷策劃操作技能，從而透過學習行銷策劃巧妙實現企業低成本行銷，以達到四兩撥千斤的目的。

本書是我多年從事行銷策劃工作的成果累積，它盡可能多地彌補了目前市場相關書籍的欠缺，力圖闡述最前線的行銷策劃理念，提煉最詳盡的行銷策劃技巧，提供最有效的技能學習方法。讓讀者避難就易，刪繁就簡，不須花費多少時間和精力，便可以領悟到策劃的妙用。

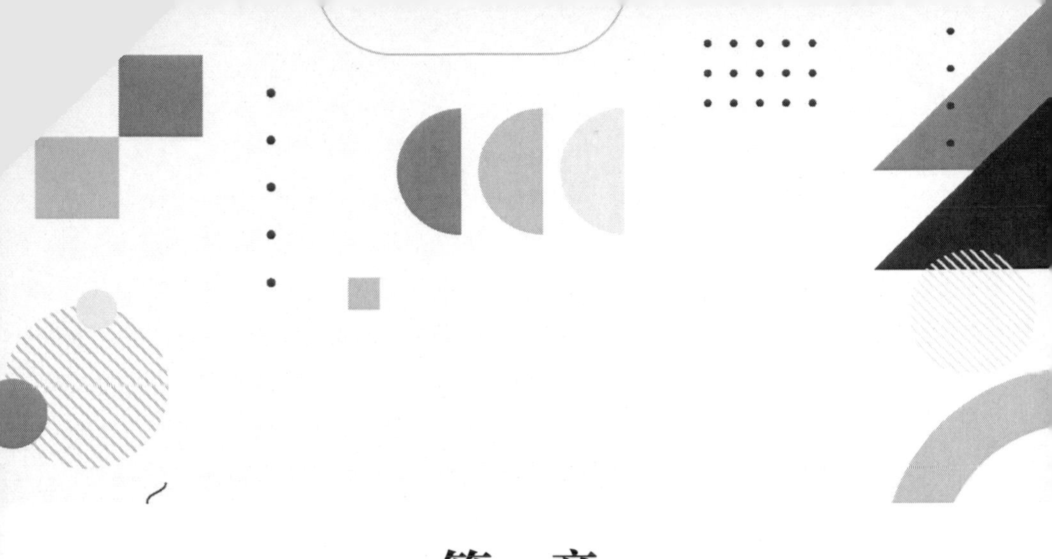

第一章
策劃，就是一場造勢之戰

在注意力時代，很多時候企業的成敗並不完全取決於產品本身，而是取決於企業策劃者如何有效地抓住社會焦點，吸引公眾的眼球，引導社會輿論，為產品的行銷創造良好的環境，讓產品一鳴驚人。

經濟危機下的策劃思維

21 世紀由美國經濟危機引發了全球經濟衰退，面對經濟不景氣，一方面數以萬計的企業陷入困境，大量工人被裁員，百萬農民工被迫提早離開城市，或在家鄉尋找新的就業機會；另一方面，全球著名的微處理器廠商 AMD 公司卻大張旗鼓地正式宣布簽約某著名女演員，並在其部落格投放廣告。而 AMD 之所以選擇這位女演員，除了其身為演員的知名度之外，更看中其部落格的超高人氣。一向以創新作為企業競爭法則的 AMD，展開了一場以部落格行銷為主導的網路行銷。女演員的部落格有超過 1,000 萬的點閱率，這已經使她成為自媒體中最引人矚目的明星。她的部落格擁有一大批忠誠的網路讀者，而這些人大多是教養高、受教育程度高，同時具有一定經濟水準的人士。這一批人正是 AMD 想要的消費群。

由此可見，一個新的行銷時代正在到來。一方面，商品高度過剩加劇了競爭的激烈。以過剩的商品去追逐有限的消費能力，這迫使企業必須不斷推陳出新，運用各式各樣的行銷手法去吸引消費者；另一方面，在經濟危機的壓力下，消費者更趨於理性，消費選擇不斷變化，在許多經典行銷理論指導下的行銷策略開始應對無措，企業需要尋求新的行銷策略去指導未來市場發展。企業只有占有優勢，才可先聲奪人。所以企業無勢者須造勢，無力造勢者須借勢，有勢者須用勢，只有這樣才能抵禦經濟危機給它帶來的不斷深化的負面影響，才能應對越來越挑剔的消費者和越來越複雜的市場。那麼經濟危機下，我們策劃思維該有怎樣的轉變呢？

洞察變化，掌握未來

在過去的 20 世紀，由於資訊傳播管道的單一化致使消費者只能透過廣告的表達去了解關於產品或企業的新資訊。所以，廣告的威力在市場行銷中幾乎影響了整個 20 世紀。無論是新產品上市還是市場拓展、企業招商、通路建構、打擊競爭對手，廣告憑藉其猛烈的攻勢橫掃了行銷的各個領域。廣告的無所不及給人們造成的印象就是廣告無所不能。

時至今日，資訊的過量生產已到了駭人聽聞的程度，各式各樣的資訊有如空氣纏繞在我們周圍：無論你在哪裡、無論你從事什麼職業、無論你如何努力逃避，都會受到資訊的包圍。過量的資訊追逐消費者有限的接受能力，這就是行銷傳播遭遇的困境。如何控制資訊的流向、對資訊進行更加有效的包裝與梳理，使其更加有效地滲透進消費者心中，則是企業進行行銷傳播所要解決的重大任務之一。所以，企業只有把握住這種改變的趨勢，洞察改變背後所帶來的機會與挑戰，才能在新行銷時代中占有優勢地位。

品牌造勢，迅速崛起

因為造勢，產品可以在一夜之間紅遍大江南北！以卓越的新聞策劃以及良好的溝通手法，讓社會大眾全方位了解企業，了解品牌背後的人、企業、文化和故事，促成他們對品牌由認識到了解、由了解到忠誠，品牌得人心以得天下！

借勢用力，引爆關注

2010 年初，哥本哈根會議後，低碳成為社會關注的焦點。微波爐品牌抓緊低碳趨勢，釋出業界首個《低碳白皮書》，受到媒體的廣泛關注和報導，引發廣大消費者對品牌低碳理念的認同，成就了品牌在家電行業的低碳標竿地位。

曾經在電子商務領域默默耕耘了 15 年的環球市場集團，嘗試發力做新聞傳播，透過對環球市場打造群體品牌 GMC，入駐世博會 GMC 館，攜手經濟學家郎咸平，為優質製造商尋求新出路，聯合國際行銷專家科特勒（Philip Kotler）、里斯等解讀國際背景下的製造行銷策略等一系列事件進行新聞傳播，有效地擴大了企業的品牌影響力，成功提升了品牌的知名度。

動之以情曉之以理

其實，市場行銷的本質不是產品的競爭，而是認知的競爭。某種產品在消費者心目中「是什麼」遠遠重要過其實際上「是什麼」—— 這就決定了企業之間最高層面的競爭不是產品功能的競爭，而是消費者認知的競爭。消費者才是品牌活力的泉源。所以只有專注於消費者，深刻洞察他們的消費需求，以最適合他們的方式與其溝通，將產品的價值有效地傳遞給他們，才是最切實有效的競爭法則。當市場競爭程度不斷更新之後，競爭決勝的重點不僅在於產品的品質與服務的差異化，更在於企業與消費者情感溝通層面的契合程度。那麼，如何用消費者最容易接受的方式，動之以情，曉之以理，最後以最低的成本達到最佳結果呢？在這個產品嚴重同質化的時代，應透過行銷造勢傳達品牌的好消息，透過贏得消費者的好感和認同，從而贏得消費者的錢包。

商業策劃的目的：為產品造勢

在商場如戰場的商界，策劃的目的就是為產品造勢。一家剛開張的新企業，一種剛上市的新產品，往往知名度低，企業需要造勢以提高知名度，以造勢為其鳴鑼開道；一家實力雄厚的知名企業，一種名牌產品，雖然已有了一股勢，仍須繼續造勢，以鞏固市場，提升形象。雖然有人說，實力本就是一股強勢，人為地再造勢無非是花拳繡腿，其實這種觀點有失偏頗。有實力自然好，但是實力還應當被消費者認識，才會對企業產生認同感和信任感，因此造勢與不造勢就大不一樣。不造勢，路人視而不見；造勢，就可能引起衝擊心理的強大轟動效應。

造勢的最終目的是滿足消費者的需求。當商業化炒作在市場行銷中甚囂塵上、讓人覺得心生厭煩時，根植於傳播文化土壤的文化行銷反倒成為吸引消費者眼球的有效方式。美國卡通《功夫熊貓》在亞洲大受歡迎，正好印證了文化行銷在占領消費者心智與刺激商業成功方面的驚人功效。

當一家企業鮮為人知之時，當企業的某個活動不被人理解時，造勢開路最具效應。商業造勢的方法有以下幾種：

公關活動造勢

中國有歷史悠久的酒文化，名酒廠家林立，喜愛杯中之物的大有人在，但是對洋酒卻鮮為人嘗。法國軒尼詩公司認為中國酒品種多、產量大，引進一些白蘭地並不會對中國名酒廠家造成威脅，還能發揮調劑酒類市場的作用，於是以公關活動為方式大造聲勢。1991 年 6 月，軒尼詩公司裝有 5 箱白蘭地的四桅白帆船歷經 8 個月的海上航行，到達客運碼頭。他們請來舞獅隊和鼓樂隊開道，並在碼頭、五星級花園飯店舉行了山爵士樂隊和時裝模特獻技表演的宣傳活動，為此花費 1,200 萬美元。從此，這種昂貴的酒敲開了中國酒市場的大門，並擺上各城市酒家的酒櫃。

廣告宣傳造勢

造勢本來就是廣告宣傳的目的之一。但是並非所有的廣告活動都必定能夠造勢。有的廣告活動東打一槍、西打一槍，散兵游勇，形成不了空間之勢；有的廣告活動間隔時間太長，或實施時間太短，形成不了時間之勢；有的廣告活動缺乏創意，似鸚鵡學舌，犯類同之忌，無法形成心理之勢。耳熟能詳的廣告語在電視上播放有十年之久，每年都是同樣畫面。可是，就是這樣一種俗氣的文化卻創造了不可複製的行銷神話。原因就在於其抓住了人們最關心的「生命」這個無價的主題，並加以鋪天蓋地的廣告攻勢，最終搶占了市場分量。

行銷活動造勢

行銷，說白了就是匠心獨運的經營方法，與眾不同、創意新奇的促銷造勢。在汽車外形日益趨同的今天，顏色已成為區別汽車造型的關鍵要素之一，同品牌同型號的汽車可能會因車身顏色差異而受到不同程度的關注，銷量也會不同。因此，色彩行銷成為一種新的行銷「風向」。

CI 策劃造勢

CI 是 Corporate Identity 的縮寫，中文譯為「企業形象識別」。CI 的概念產生於 1920 年代的美國，是一種透過設計企業形象，注入新鮮感，使企業提高在公眾心目中的形象地位，進而產生更大效益的經營策略。麥當勞之所以能成為世界上最大的速食連鎖集團，在 65 個國家設有 13,000 多家餐廳，平均每 13.5 小時開設一家新餐廳，就是因為它本身代表著都市現代文化，是一種衛生、實用的文化（五星級裝潢、大眾化消費）。正是這種文化力量，使廣大消費者趨之若鶩，並逐漸被這種文化感染、陶醉。在西方世界，人們一說起「麥當勞」，即會想到那個傳統馬戲服打扮的小丑，它是友誼、風趣、祥和的象徵。在美國 4 到 9 歲的兒童心目中，它是第二位最熟悉的人物，僅次於聖誕老人。「世界通用語言：麥當勞」—— 這是麥當勞速食店的辨識口號，正是這句口號凝結著麥當勞獨特的經營理念：Q、S、C、V 模式。Q 代表品質，麥當勞的品質管理很嚴格，所有食品製作後 10 分鐘未能出售，即棄之不用，麥當勞堅持產品標準化，無論在世界上哪一家麥當勞店，漢堡的風味、品質都不會差太多；S 代表服務，微笑服務是麥當勞的特色，所有店員都面帶微笑，活潑開朗地和顧客交往，讓顧客感到親切自然；C 代表整齊清潔；V 代表物有所值。正是在這一致的經營理念基礎上產生了麥當勞獨特的企業文化，這種企業文化又塑造了麥當勞良好的企業形象。

其實，造勢並沒有一個固定模式，環境不同，造勢的方式也有所不同。法國的 XO 白蘭地可以熱鬧地造勢，美國的可口可樂卻是躡手躡腳地造勢。他們採取了投石問路、步步為營的策略：先是「寄售」；然後又無償贈送生產線，以少積多，逐漸成勢。

如何在策劃活動中借勢與造勢

「勢」講究時機與目標。目標如果過於分散，優勢可能會變成劣勢。而善於用勢者，劣勢可以變為優勢；反之，優勢則會變為劣勢。在策劃活動中最常用的就是借勢和造勢，借勢造勢的「勢」，可以理解為時機、形勢、趨勢和優勢等，造勢的功用在於利用一切主客觀條件為自己創造競爭中的有利形勢。

借勢有以下兩點作用：

借勢宣傳

古代法家治天下，講的就是「法、術、勢」三者的結合，把借勢、造勢當作治理天下的三大要點之一。不懂得借勢或者不願借勢，要做出好的策劃方案是很難的。商場上，借賽、借節行銷更是借術高招。體育賽事、各種帶地方特色的文化節，受到萬人矚目。經營者如能藉助這些良機，就有可能大振企業名聲，促進產品銷售。

當然，借勢後能否播譽，就看企業各自的借術了，善借與拙借不一樣，先借與後借也不一樣。企業，特別是中小企業，在不如意的情況下，可以藉助別人的力量來達到自己的目的，以求在競爭中生存和發展。借勢助攻不是借名聲、威望，而是借實力人力、財力、物力。企業擺脫不如意的狀況有兩種途徑：一為附人，二為借力。力薄而依附人，借力以滋身，依附人是立身之術，借力才是滋身之本。

同時，企業之間的交往，借者往往需要付出代價，要「借」得巧。一要選擇代價小的借，二是選擇作用大的借。當前，借用科學技術，借用智囊團的「點子」，是提升企業產品競爭力最有力、最佳效果、最快速度的手法。俗話說，「授人與魚不如授人與漁」，借也一樣。借魚可以飽餐一頓；但借漁具說不定自己也能捕捉少許活魚；如果借來漁獵之術就可以使自己擁有取之不盡的鮮魚。

造勢傳播

《孫子兵法．勢篇》說，湍急的流水能漂移石塊，是人工造成巨大落差的衝擊力；強張的弓弩是勇猛的拉力，其反彈是人工造成的衝擊力。可見「勢」的基本含義是力，是人工造成的力。為創名牌服務的 CI 策劃，也有一個乘勢造勢的問題需要研究。製造新聞與乘勢發揮也就是所說的乘勢造勢問題。

所謂「製造新聞」，是指企業有計畫、有目的地製造和挖掘出具有新聞價值的事件，以便引起社會公眾和新聞媒介注意，推動大規模的宣傳報導，從而迅速提升企業知名度，樹立企業的良好形象。實踐證明，在策動傳播中，巧妙地運用「製造新聞」術，創造出具有新聞效應的事件，既可以對民眾產生巨大影響，收到理想的傳播效果，又能夠充分利用新聞媒介的宣傳優勢，為企業提供免費宣傳。必須指出的是，「製造新聞」不能隨意編造、誇大甚至肆意歪曲事實，製造譁眾取寵的新聞。而是必須採用健康正當的方法，使企業的活動與民眾關心的事物結合在一起，產生新聞價值，吸引媒介來報導。

「乘勢發揮」與「製造新聞」有著異曲同工之妙，兩者都需要人為地為新聞媒介提供有價值的素材，借媒介之手，擴大對企業的宣傳。但「乘勢發揮」與「製造新聞」相比，更須足夠的應變能力。因為「製造新聞」畢竟是企業有計畫地推出的新聞事件，在此之前，需要經過一個較長時間的周密策劃，制定出一整套方案，並有步驟地加以實施。而「借題發揮」的所謂「題」，往往是一些突發事件，並非企業有意製造可以左右。這就需要企業在較短時間內及時採取措施，充分發揮想像力和創造性，將這些不可左右的事件變為可以左右的事件。「乘勢發揮」是指在事件發生後，也同樣需要公關人員的周密計畫，使事件沿著企業所設計的方向發展。因此，就像演戲一樣，「製造新聞」是什麼都還沒有，需要你從寫劇本開始，演完這齣戲。而「乘勢發揮」則是戲剛開了頭，就看你如何演下去。

當然，我們更應清楚，在諸多因素中，對時機的選擇與掌握是至關重要的，它可以說是我們「乘勢」的靈魂，這就如我們平常發表對某件事情或對某個決策的看法一樣。在許多事情的處理與運作過程中，特別是在商場的行事中，即使你是一位身家顯赫、舉足輕重的人物，即使是你的意見很富有科學理性、意見絕對正確、決策十分果斷準確，如果你想讓你的意見或決策造成更大更有力的作用或影響，你也必須選擇恰當的時機，乘著「勢」而發。否則，說早了沒用，說遲了徒然自誤；說的場合不佳，效果不大，甚者帶來負作用。這就是「勢」的作用。

「製造新聞」可以說是「沒事找事」，而「乘勢發揮」則是「小事化大」。「借題發揮」同「製造新聞」一樣，其最大的優點就是可以避免「王婆賣瓜，自賣自誇」式的宣傳，最大限度地減少民眾對企業自我宣傳的反抗心理，提升其對企業資訊的接受程度，同時降低經費開支，取得公眾宣傳的最佳效果。它們都是商家必不可少的造勢手段。

策劃造勢：通俗還是高雅？

近年來某些廣告讓消費者感覺極不舒服，在讓人覺得這廣告真「煩人」的同時，我們不得不深思，為什麼這些廣告能夠得到市場的認可，為什麼能夠有效促進了產品的銷售？究竟是什麼原因讓這麼「煩人」的廣告能取得行銷上的成功呢？

面對鋪天蓋地的廣告，給我們的感覺是，太狂轟濫炸的廣告讓消費者反感，更是讓行家反感。但是事實上，這產品不但使企業翻身，而且市場效果也不錯。甚至被不少企業捧為圭臬。其實，從心理角度而言，流行肯定是有理由的，如流行音樂，它的特點就是直截了當地以最簡單的方式說出人們心裡想說的話，在這一點上，這些廣告確實有異曲同工之妙。廣告也許俗氣，但卻能引起人們重視廣告語不一定要有什麼華麗的詞語，但要一針見血，這才是好廣告！

從行銷造勢的角度，通俗與高雅各有優勢，我們不可以武斷地判定通俗比高雅式行銷的效果差。我們應該考量的是，哪種才是企業應該採取的行銷策略，哪種才能更好地藉助新聞媒體進行產品造勢。

臺灣大眾銀行曾推出一項現金卡業務，其廣告明確提出了為「借錢」行為正名的觀念：「借錢不再是難看的事，而是一種高尚的行為。」昔日人們以舉債為恥，今天卻成了高尚行為！「有錢」和違背借錢難堪的傳統都可以給人很舒服的感覺，在舒緩當代人心理壓力的過程中，樹立了新的觀念，而這觀念又與銀行有某種業務連繫，所以是好廣告。

與之相反的是：數年前，某豪宅為了展現其尊貴與高級，有意策劃了一個逆勢事件，開發商故意在對外宣傳中打上「騎腳踏車與摩托車者免進」的告示，如此帶有歧視性的宣傳明顯違背了社會的道德共識，所以開發商也預料到媒體會對此事進行大肆報導，企業雖然期望媒體對此事熱炒能迅速提升房地產的知名度，彰顯房地產「高貴」的品牌價值。可惜的是，這種逆勢炒作的行銷造勢方式適得其反，媒體不僅在報導中未能彰顯其獨特的「尊貴」價值，反而強烈的輿論批評引發了公眾的憤怒，政府相關主管部門也對該企業提出了警示令，一時間該房地產臭名遠揚，客戶也對其避而遠之，該房地產的銷售自此陷入停頓狀態。

實際上，現在已經有很多廠商注意到消費者對廣告的接受程度，但是，老百姓對較「反感」、「煩人」廣告的接受是有一定限度的，企業能否掌握好這個尺度，實在是非常重要。所以，企業要透過新聞策劃進行行銷造勢，關鍵在於企

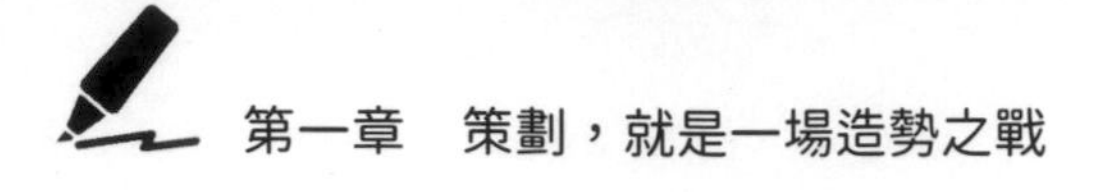

業所做的行銷傳播要順應媒體的傳播趨向，借勢為之，才能使企業的品牌與產品乘上媒體報導輿論的東風，實現知名度與銷售力的跳躍性成長。

案例一　蘋果 iPod——「酷」策劃席捲全球

在 iPod 之前，沒人想到小小一個 MP3 居然能讓人如此瘋狂。但系出蘋果名門的 iPod，卻在短短 3 年內真切地做到了。

在美國人的生活中，iPod 突然變得無所不在。當你身處麥迪遜大街，看到幾乎每一個街區都有人戴著白色耳機；當你走進健身房，發現幾乎每個人都戴著它；當你坐在校園的長凳上，也會發出會心的微笑——學生們都在用 iPod。iPod，它已成為聯結人們的紐帶。

打造與眾不同的品味選擇

據說，影星威爾史密斯（Will Smith）在接受著名科技雜誌《連線》（*Wired*）採訪時，「抱怨」說他已經迷上了這個小玩意，稱之為「21 世紀的發明大事」。而「木訥古板、保守無趣」的前任美國總統布希（George Walker Bush），也被 iPod 成功俘虜——他經常耳朵裡插兩根白線、蹬著一輛登山車在德州牧場進行戶外運動。不僅僅是美國，在歐洲、東亞、東南亞、南美等全球每一個角落，都可以看到 iPod 的身影。

連八十歲高齡的英國女王，也在 2005 年夏天選擇了一個銀色 6G 記憶體的迷你 iPod。2006 年 12 月，歐洲太空人威廉·比爾·勒諾（William Benjamin Bill Lenoir）在太空艙內飛行的過程中，蘋果 iPod 和好音樂陪伴他度過了太空探索。

或許從功能上講，其他品牌的 MP3 可能硬碟更大、功能更多、電池維持時間更長，但人們根本不在乎這些，或者說根本就沒想過這些。那麼到底是什麼神奇的力量，讓人們對小小的 iPod 一見鍾情並百用不厭呢？事實上，這完全依靠蘋果公司爐火純青的「攻心」藝術和造勢思維，引發了人們對 iPod 的追捧。iPod 讓他們記住了那無與倫比的「cool」，讓他們相信這樣選擇會讓自己的品味與眾不同，顯得更時尚，更「酷」。

設計唯美、實用的藝術品

蘋果公司用最直觀的方式來誘惑消費者，在視覺、觸覺上的表現臻於完美。以 iPod nano 2 為例，它外形清麗、身軀嬌小，三圍為 40mm×90mm×6.5mm，這種設計在業內算不得小巧，但把這幾個數字用在 iPod 產品上，就會產生十分強大的視覺衝擊。而且 iPod 僅重 40g，攜帶非常方便。iPod nano 2 採用了整圈型金屬切割工藝，看上去非常簡潔，這種經過特殊處理的金屬外殼，不僅可以保持手感和足夠的摩擦力，還能夠保持金屬的光澤，防止印上指紋和刮傷。機身上方鑲嵌一塊 1.5 英寸 LCD 彩色顯示螢幕，解析度與 1 代相同，仍為 220×176 點陣，顯示效果比較清晰。看過 iPod 的人，往往第一眼就會被它獨特的魅力深深吸引，它將唯美、實用完美地結合在一起，已經不再是一個簡單的 MP3，而是一件美妙絕倫的藝術品。自從 iPod 風行天下後，不少進行產品設計的企業都指名要求要「iPod 的質感」。當問他們喜歡 iPod 的哪一點時，得到的答案都是：「它看起來很乾淨。」

少生、優生的產品結構

iPod 的簡約主義甚至延伸到了產品結構上，它是業界「少生優生」的典範，每一款新品都會掀起一次追捧熱潮，許多 iPod 迷甚至期盼新產品的面世。在蘋果釋出 iPod nano 時，果斷停產了銷量王 iPod mini，這是多數人意想不到的；一個月後 iPod 5 上市時，也果斷停產了老 iPod，並宣稱今後所有產品都將支援彩色螢幕。這樣一來，整條產品線保持得非常清楚。目前，iPod 總共就 shuffle、nano、iPod5 三類 6 個型號的產品。而索尼、三星等品牌，雖然效能並不輸給蘋果，在推新品方面卻少有精益求精的追求。像三星旗下產品不知道是蘋果的幾倍，多為快閃儲存型，但是讓人耳目一新的產品很少。而索尼方面，快閃儲存產品數量也不少，硬碟產品目前也有 3 款。索尼在快閃儲存產品上「更新版」觀念嚴重，像傳統隨身聽 E500 只是在 E400 基礎上增加了 FM 功能，這種觀念適合傳統產品，但早已不適用於 MP3 產業。MP3 產業遠比傳統隨身聽要「難啃」—— 大家都在拚命推新品，如果跟隨潮流的話那便注定平庸！

強強聯手的行銷策略

2004 年，蘋果把數位音樂裝進了 BMW，駕駛者可以透過方向盤上的控制鈕遙控 iPod。iPod 配件也從外接揚聲器、麥克風，到設計了 iPod 專用口袋的名牌滑雪外套、西裝，應有盡有。許多廠家還為爭做 iPod 保護套的生意打得不可開交。

2006 年，蘋果公司圍繞 iPod 所做的行銷工作又使它更上一層樓。5 月 23 日，NIKE 和蘋果公司宣布首次將運動與音樂結合起來，推出了創新的「Nike+iPod」系列產品。8 月初，蘋果又與福特汽車公司、通用汽車公司和日本馬自達汽車公司達成合作協定。小小的 iPod 運用聯合行銷將這些世界頂尖公司聚在一起，在邊際效應無限放大的同時，雙方都成為大贏家。

案例二　芝華士——活出騎士風範

「茫茫人海中，每個人都為了自己而四處奔波，難道，這就是我們唯一的前進方向嗎？不！讓我們為榮耀乾杯！為紳士風度得以長久流傳，為心懷他人並樂於伸出援手，為恪守承諾，乾杯！為我們中的勇士，為真正懂得何為人生財富，為共同擁有這種行為方式在世俗中脫穎而出，乾杯！為我們乾杯！——芝華士，活出騎士風範。」直到最後一句，人們才知道，那沉穩、果敢的聲音傳遞過來的溫暖和理想，以及清新自然的畫面，是芝華士的廣告。

享譽世界的芝華士威士忌是最具聲望的蘇格蘭高級威士忌。創始人詹姆斯·芝華士（James Chivas）和約翰·芝華士（John Chivas）兄弟選擇最優質的麥芽和穀物作為芝華士威士忌的原料，而「天使之鄉」蘇格蘭的甘甜天然泉水，鮮美的空氣，適宜的氣候，也為芝華士威士忌的釀造提供了最好的環境；同樣，蘇格蘭人一絲不苟的嚴謹精神，使芝華士的釀造規則已經成為法律。在漫長的釀造過程中，芝華士威士忌使用優質橡木桶來提升酒質，使其更為純粹。飽滿琥珀色的芝華士威士忌，混合著柔軟甜味的花香、淡

淡菸草味的醇厚、濃厚果香和柔軟果核香，回味濃郁、醇正、綿長。同時，詹姆斯．芝華士和約翰．芝華士兄弟還開創了藝術造勢之先河，創造出芝華士這一代表了醇和、獨特、出眾的威士忌品牌。

「活出騎士風範」新品牌形象

芝華士的廣告語「這就是芝華士人生」已有不小的知名度，芝華士的品牌建設取得了巨大的成功。但是在形象表現上，芝華士還未能真正達到想要表現的程度。所以，芝華士推出了「活出騎士風範」新商業形象，是對「芝華士人生」形象的進一步提升。

在重塑芝華士形象之前，保樂力加集團曾經做過一系列的全球市場調查，看大家對於騎士價值觀的接受程度。在亞洲有 95%的受訪者認為騎士風度這種價值觀的回歸能夠讓生活更加美好，因為在傳統中，助人為樂、互相幫助的觀念是根深蒂固的。因此，芝華士作為一個國際性的品牌，其騎士風度源於歐洲的傳統，與亞洲本身有著自己獨特而深厚的文化累積，這兩者的完美結合就產生了芝華士「活出騎士風範」新品牌形象。

「活出騎士風範」詮釋了現代人應具有的榮耀、勇氣、手足情義、紳士風度四大風範，強調「經歷越多，看得越真，越懂欣賞」，有力地表現了芝華士的品牌精神，贏得了廣大消費者的讚譽。

「享受人生，享受芝華士人生」的新概念宣傳

同時，芝華士「活出騎士風範」的概念宣傳和廣告宣傳讓品牌多了一份吸引力。當我們想到騎士精神，就自然而然會想到芝華士。消費者在品嘗芝華士的同時，也在享受一種體驗和內心的共鳴，芝華士威士忌帶來的不僅是口感上的愉悅，更是一種慰藉和希望以及內心對勇氣、風度的訴求。芝華士的成功讓人們看到產品品質和品牌內涵的重要。芝華士還傳達一種「享受人生，享受芝華士人生」的核心資訊，其中兩個關鍵詞是：分享和體驗，到阿拉斯加去釣魚、到燈塔野餐、體驗全球頂尖音樂的現場表演……不論這些體驗是否能實現，芝華士都希望傳達這樣的生活態度：和朋友一起經歷不同尋常的休閒時光。這也是芝華士有產品延伸開來的獨特之處。如果飲一杯酒，讓人品味出生活的樂趣，擁有了前進的勇氣，那為什麼不選擇芝華士呢？

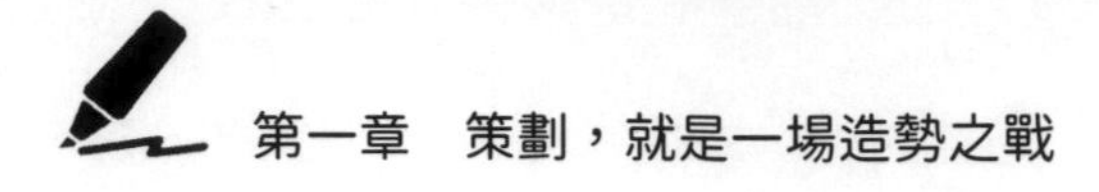

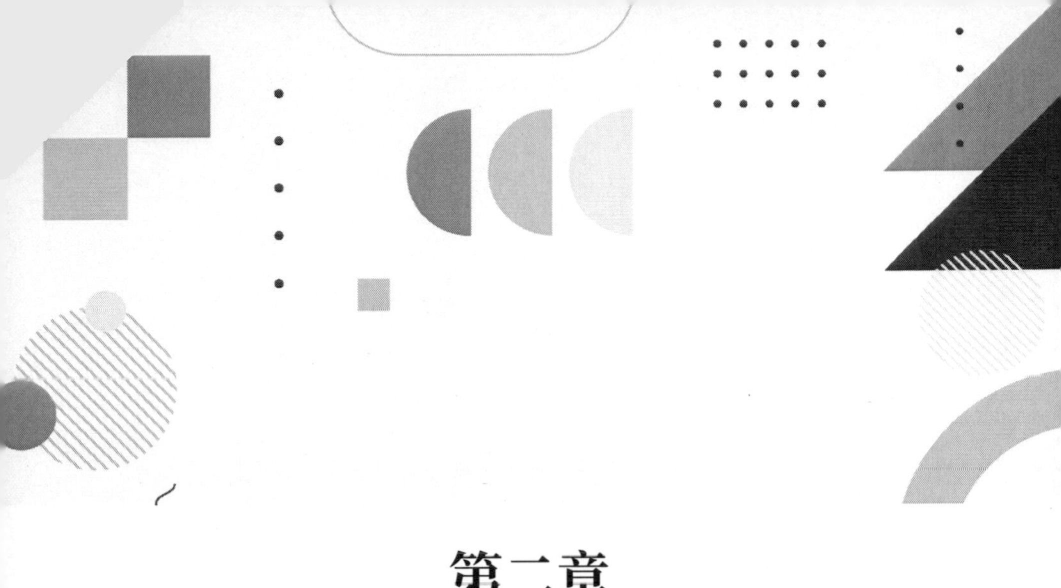

第二章
品牌策劃，讓品牌如日中天

企業為提高品牌的知名度與信譽，必須精心策劃自己的品牌，這是為將來帶給企業長久收益的一種必須投入。

什麼是品牌策劃

什麼是品牌？它就猶如蒙娜麗莎的微笑，每個人都可以感受到她的魅力，卻很少有人能清楚地表達出來。其實，品牌最早源於西班牙的游牧民族，為了在交換時與別人家的牲口相差別而在牲口上烙下的烙印。因此，品牌的最初意思為烙印。直到 1960 年，行銷學字典才為品牌下了一個明確的定義：用以辨認另一個或另一群產品的名稱、術語、記號或設計其組合，以和其他競爭者的產品和勞務相差別。所以，品牌是區分的標記，是一種「資訊標準」。但品牌不僅是一種標記，也是產品的象徵，更是企業、產品、社會文化形態的綜合反映和展現；品牌不僅是企業一項產權和消費者的認識，更是企業、產品與消費者之間關係的載體。品牌的底蘊是文化，品牌的目標是關係。品牌意味著高品質、高信用、高效益、低成本。品牌的背後是一家在市場競爭中始終立於不敗之地的成功企業。所以，做企業要有自己的品牌，品牌是企業的無形資產，又是企業形象的代表。品牌就是要送給客戶一個稱心滿意的產品，提供熱心周到的服務。品牌是企業信用的代名詞。

什麼是品牌策劃？品牌策劃是指人們為了達成某種特定的目標，藉助一定的科學方法和藝術，為決策、計劃而構思、設計、製作策劃方案的過程。時至今日，由於不同企業之間相互模仿和借鑑對方成功的做法（如獨特的產品設計、創新的行銷手法），使我們的市場同質化趨勢日益明顯。這時就需要品牌，它是企業引導顧客辨識自己，並使自己的產品與競爭對手區別開的重要象徵，它是比企業產品更重要和更持久的無形資產，也是企業的核心競爭力所在。品牌策劃既強大又脆弱，在創品牌和擴張品牌籠罩面的歷程中，只有透過產品結構的改良、存量資產的振興、技巧含量的進步和科學化的管理才能使企業不斷地發展壯大起來。

品牌是生動的，是由消費者親身經歷體驗或道聽塗說（口碑行銷的典範）的一個個活生生的故事組成。拿旅遊業來說，除了自然資源之外要賦予很多動人的傳說，比如愛情聖地，很多城市講愛情的故事，其實羅馬就是一個。現實中的羅馬一點也不浪漫，那裡的人性格凶悍。但是有了《羅馬假期》（*Roman Holiday*），有了赫本（Audrey Hepburn），有了這樣一個愛情傳說，羅馬就成了人們心中的浪漫之都，就連午後的紅茶都是借赫本宣傳。像諾丁山也是因為電影而走紅。

品牌策劃需要講故事，誰早講故事誰就取得了先機。

很多偉大的品牌、個性十足的品牌，都是講述品牌故事的高手。比如施華洛世奇，沃爾瑪，Levi' s，可口可樂……或許你未曾擁有過施華洛世奇的水晶飾品，但一定知道它的產品加工方法跟可口可樂的配方一樣有神祕的故事；或許你很少去逛沃爾瑪，但一定多少了解它如何從一個小雜貨舖、經過半個多世紀，發展壯大成為零售帝國的故事；或許你沒穿過 Levi' s 的牛仔褲，但一定聽說過 Levi' s 放棄淘金，轉而為淘金者做工裝褲，從而開創了牛仔褲時代的故事；或許你對每天喝的可口可樂的發展史一無所知，但一定對它的配方產生的故事和幾年前「配方失竊」的故事有所耳聞。

我們生活在一個市場供過於求、品種花樣繁多、產品資訊太多的年代，要想在這樣的環境下，使產品吸引人們的目光，進入人們的視野甚至心裡，用普通的行銷方式必然是無法實現的。用故事做品牌策劃的好處是用情感和相關性將企業服務與消費者連繫起來，為消費者創造一種迷人的、令人愉快而難以忘懷的消費體驗。所以說，在這個品牌行銷縱橫的時代，品牌不要刻意去銷售，而要把自己調整為跟消費者分享一個美好的故事！能帶給人們平靜和滿足美好和回憶！只有這樣才能抓住消費者，才能獲得成功；只要抓住了產品的行銷特性，就贏得了品牌的籌碼，也就在捭闔縱橫的競爭中掌握了必勝的王牌。所以，企業要摒棄飲鴆止渴式的價格戰，運用品牌策劃創造富有魅力的品牌產品，同時用品牌故事盡其所能地打動消費者，使消費者對品牌形成一種依賴的關係，與品牌「一見鍾情」且「終身相伴」。

傳播：品牌策劃的核心

品牌傳播，是企業以品牌的核心價值為原則，在品牌辨識的整體框架下，選擇廣告、公關、銷售、人際等傳播方式，將特定品牌推廣出去，以建立品牌形象，促進市場銷售。品牌傳播是企業滿足消費者需要，培養消費者忠誠度的有效方法，是目前企業家們高舉的一面大旗。

當你走進超市想買一瓶水來解渴，超市裡必然有好幾種品牌，這還不包括碳酸、果汁及功效性飲料。面對眾多品牌，首先不同的品牌讓你在千百種商品中有了差別。但你絕不會任意拿一瓶，你抉擇買這瓶水的時候，心裡已經有了一個目標，這是因為你對它有必然的偏好。再舉一個例子，我們買香水一般會買法國的，如果你買了其他產地的，你對浪漫的那份期待必然少了很多。表面上看，我們買的是香水，其實買的是浪漫，正是因為對浪漫的需求，驅使我們去購置法國的香水，這就是對品牌的需求，或者說作為產品的香水承載著的是我們的心理需求，而產品只是一種媒介而已。

今天，品牌傳播作為企業形象塑造的必要一環，一直是行銷工程裡的重中之重。事實上，為何代工企業占據了最大的工作量，卻只能獲得不到5%的利潤，關鍵是缺乏自有品牌，無法占領消費者剛性需求。因此，抓好品牌傳播也就成為製造邁向創造過程中不可或缺的步驟。根據體系的理論，選擇品牌傳播的兩個重要點是：首先，是否和品牌聯合，是否想起音樂或明星就能連繫到品牌。其次，是否使用者之間自發性的病毒傳播。兩者只要缺其一，就不能說是成功的。

成功的品牌策劃，必然是低投入、高回報，能引發使用者深度共鳴的，並病毒性傳播。如果不懂音樂，是無法做好的，就像很多電子商務做不好，是因為IT出身的創業者只懂「電子」而不懂「商務」。所以，除了要懂行銷，還要懂音樂，否則很難成功。品牌策劃也一樣，到現在也變得更深入，不能像以前一樣只採取大眾粗放式的廣告轟炸。要引發消費者病毒性傳播的重要點有兩個：一個是音樂帶來的，另一個是品牌自身的內涵帶來的。

品牌不是轟炸出來的，轟炸只能到消費者眼睛裡，卻難以到達他們心裡。因為轟炸出來的品牌缺乏內涵，缺乏累積沉澱，就好像催肥的蔬菜缺乏勁道一樣。強勢的廣告誠然可以帶來高知名度，但一個沒有內涵的品牌很難建立起品牌形象。

好的音樂不僅可以到達消費者眼睛裡和耳朵裡，也可以到達他們的心裡，並產生購置產品的衝動，也同時會給使用者一個購置的理由。如果僅僅是蜻蜓點水般的，跟傳統廣告一樣，是浪費的。只有高效的傳播體系樹立起來的品牌形象，才能夠展現出諸多現實的、潛在的、無形的、有形的且無可替代的價值，並使擁有者從中獲益匪淺。

因此要謹記，品牌策劃的傳播應對什麼人說什麼話，最終達到在閱聽人心目中暢捷地產生所需的品牌影響力。了解傳播對象的種種習性心態尤為重要，切勿對牛彈琴。

品牌策劃：有「牌」更要有「品」

一家企業剛起步的時候，首先要解決的是生存問題，企業都不能生存下來，談別的都是空談。解決了生存的企業，就要開始想想怎樣把產品賣得更好、賣得更多、賣得更久，企業自然也就活得更好，活得更久，此時，品牌的需求就應運而生了。

品牌首先在消費者心中有知名度，有了知名度還不夠，還要區分是好名還是壞名。同時還要在社會上有好的評價、好的地位和好的形象。有了眾人的誇耀，才能換來大家的偏好和認同，才能形成購置和繼續購置，才會有消費者的忠誠度。有了消費者的忠誠，產品自然就好賣、多賣了。其實做到這一點還是不夠，你還要給顧客一種精力和心理的滿足和愉悅，能讓他們產生豪情、美好等情感，這樣，才會讓消費者從理性變得感性，認同你的價值、認同你的思想，與你建立起一種心連心的感受。品牌做到這份上，就有具大的感召力了。但是有一點必須謹記，就是產品品質是品牌的核心基礎，沒有經得住考驗的品質保障，所有圍繞著品牌行銷所做的努力都是無源之水、無本之末。

無論是科學研究還是經商，都應遵循誠信和實事求是的態度，在產品的研發、推銷上更應當如此。

在遮遮掩掩之下，產品一開始可能會賣得很暢銷，一旦消費者知道真相後，就意味著這個產品在市場的終結。因此，只有那些有「牌」更有「品」的企業，才能成功，才能立於不敗之地。

我們常聽到房地產行業的一句行話：「地段、地段，還是地段。」此話不假，房子作為一個居所，結構、地段、戶型，確實是至關首要的一條。可這只是房子的根基屬性，任何房子都要有這種屬性。就是同樣的地段，價格和銷售快慢也會因品牌不同而有差別。

同樣的地段，A 公司的房子就能賣出比別人高 10,000 元的價格，哪怕在地段不好的郊區同樣也能吸引人們。為什麼？不用多說，每家房企賣的產品都是一樣的，都是居住的場所，可能戶型、地段、環境、風格有所不同，但它都是為滿足人們的根本需求，這也是房子作為產品的根本屬性。但 A 公司卻與眾不同，它在賣一種生活方式，驅使人們對美好生活方式的追求。他們有遠見意識到，城市化發展到一定階段必定帶來郊區化的發展，城市用地緊缺將帶來郊區化的趨勢。

A 公司在保障品質的基礎上，向人們講述著國外郊區化發展的歷史，向人們刻劃出郊區化田園般生活的場景，向每天在人流密集、快速躁動的城市人，講述郊區化生活的愜意，為人們描繪了一種理想的生活方式。A 公司因為多了對人性的關心和人文精神，因而提升了高度和深度，也有了一份品牌魅力。

好的品牌必須以品質為基礎，有「品」才能有「牌」，有了「牌」更要有「品」，兩者相輔相成，缺一不可。

品牌策劃的「三光原則」

消費者對品牌的選擇過程，其實就是需求與品牌價值之間的對接過程。功能性利益包括產品功能、效能、外形、品質、價格、特色、包裝、標誌、符號等，情感性利益包括服務、促銷、身分地位、廣告訴求、廣告形式、品牌歷史、品牌傳奇等。所以，品牌是什麼個性，企業自己說了是不行，大眾說了才算。當然對於大眾品牌，可以喊出口號來，用以引導消費觀念。但重要的是，喊的口號與個性是否相配，或者喊的口號是否表達了品牌思想，這直接決定了品牌策劃的成敗。所以，品牌策劃要具備「三光原則」：

眼光原則

2010 年 1 月 27 日，在美國舊金山歐巴布也那藝術中心所舉行的蘋果公司發布會上，蘋果公司釋出了傳聞已久的平板電腦 iPad。滿足了人們不願意帶著笨重筆電出去的願望，同時，iPad 可以讓人們隨心所欲地瀏覽網路、收發電子郵件、觀看電子書、播放音樂或影片，加上蘋果時尚的外形設計，可以說用 iPad 是一種享受，那是筆記型電腦所不能達到的高度。所以，品牌策劃必須具有前瞻性，也就是說策劃者要有「眼光」，要看得遠，要看到他人沒有看到的，這樣才能搶占先機，出奇制勝。反之則「人無遠慮，必有近憂」，整日被瑣事纏身，裹足不前。不謀萬世者，不足謀一時，不謀整體性者，不足謀一域，說的也是這個道理。這一原則很容易理解，很多策劃者都在實踐中努力遵循這個原則，只是程度存有差異。例如，很多企業沒有做品牌策略策劃，就忙著請廣告公司釋出廣告，大量資金砸下去之後，可能會有一定的收益，但必然是事倍功半。

陽光原則

這個原則是指策劃必須見得著陽光，經得起日光的「曝哂」。有這樣一個新聞：一個 6 歲的小男孩，3 年前的一個夏天，在家玩耍時不小心碰倒了熱水壺。幾天後，開水燙傷的疼痛消失了，但在小男孩的整個左臂和後背卻留下了大面積的疤痕，看著兒子身上的疤痕，母親既心疼，又擔心。為了能讓小男孩以後的生活擺脫疤痕陰影，母親四處尋找除疤的辦法，在一次看電視的時候，看到除疤產品的廣告。商品的價格幾乎是她一個月的薪水，但一想到孩子的未來，母親還是馬上決定為孩子花這個錢。匯款不到一個星期，產品就到了。但是一天、兩天、三天……一個月過去了，產品都用完了，可孩子身上的疤痕卻沒有任何變化。為什麼廣告上有那麼多人用了美無痕都說好，而在自

己的孩子身上卻沒有任何作用呢？最後查證這是一則虛假廣告。如今，廣告越來越多，讓人眼花撩亂，其中的欺詐方式常常讓人難辨真偽。這就要求品牌策劃者必須心胸坦蕩，不能做昧著良心的策劃，亦即策劃不能欺詐消費者，不能損害消費者利益，更不能有悖於社會道德和倫理。新聞中的商家，儘管在一定時期內取得了經濟效益上的成功，但是其顯然是違背了策劃的陽光原則。

X 光原則

X 光是一種波長很短的電磁波，波長在 10μm 到 0.1μm，有很大的穿透力，被廣泛應用於科技和醫療等方面。這裡借指策劃者要有「掘地三尺」的精神和能力，洞穿問題的本質，或者說找到問題的根源，然後再結合存在的資源進行策劃。品牌的核心內涵是要傳遞給消費者的核心利益，即品牌究竟要帶給消費者什麼，是企業針對消費者的市場承諾。在其他約束條件基本相同的前提下消費者為什麼要選用 A 品牌而不是 B 品牌？就是因為 A 品牌的核心利益更多展現、滿足了消費者的需求表徵。如「富豪汽車」的品牌內涵是安全，這與那些對安全高度敏感的消費者的利益敏感點相吻合，從而促使消費者在心目中建立起良好的「富豪汽車」品牌認知。這樣，品牌策劃案實施後，才有可能實現釜底抽薪、藥到病除的效果，否則必然是隔靴搔癢，治標不治本。而反觀國內的很多品牌，核心利益模糊，市場承諾空洞，品牌定位虛置，卻熱衷於大搞一些不痛不癢的演出活動、促銷活動，結果自然是解決不了根本問題。幾個月後，依舊是「門前冷落鞍馬稀」。因此，品牌策劃者在做策劃時必須具備「三光原則」，這樣才能讓產品具有持久的魅力，才能引發人們的持續關注。

案例　愛迪達，
時尚運動品牌的締造者

愛迪達是當今世界著名的體育品牌之一，與 NIKE、Reebok 等品牌占據全球體育用品消費的主要市場占有率。創始者阿道夫·達斯勒（Adolf Dassler）先生是一位擁有運動員身分和鞋匠技術的德國人。因此他能充分了解運動員的需求，初期愛迪達公司雖然還只是一個作坊式的小企業，但其眼光已瞄準了世界大市場。所以，在公司發展早期，愛迪達就將產品技術創新作為開拓市場、提升品牌知名度的動力。「給運動員最好的」是公司品牌發展的原則。同時，阿道夫·達斯勒也是世界運動鞋製作領域的開先河者。1920 年，達斯勒就發明了世界上第一雙訓練用運動鞋。

1936 年，在德國柏林舉行的奧運會前夕，阿迪找到極為有希望奪冠的美國短跑運動員傑西·歐文斯（Jesse Owens），並向他保證釘鞋對其比賽肯定大有幫助，但當時被歐文斯拒絕了。於是達斯勒又建議他可以在賽前訓練中試穿。結果，使用效果使歐文斯如獲至寶，並在正式比賽中使用了愛迪達的釘鞋，結果他連奪四枚金牌震驚了世界。雖然

歐文斯本身的實力是毋庸置疑的，但他畢竟在眾多跑鞋中選擇了愛迪達跑鞋參賽。歐文斯穿著愛迪達跑鞋的奪冠照片在世界各國廣為流傳。在確立世界知名體育用品品牌之後，愛迪達的品牌發展仍與技術革新保持著緊密的連繫。

1948 年在各界肯定下，達斯勒正式建立愛迪達品牌，並將他多年來在製鞋中得到的經驗：利用鞋側三條線能使運動鞋更契合運動員腳型，融入新鞋的設計中，於是愛迪達品牌第一雙有三條線造型的運動鞋便在 1949 年呈現在世人面前。從此，人們便不斷在運動場上見到「勝利的三條線」所創下的勝利畫面。1954 年愛迪達研製的旋入型釘鞋是個非常革命性的創新，為德國足球隊獲得世界盃立下了汗馬功勞。

同時，達斯勒先生的長子霍斯特 · 達斯勒 (Horst Dassler) 是一位行銷及大眾傳播天才。霍斯特了解到促銷活動對建立運動品牌形象的重要性，率先將品牌在視覺上與運動員、運動隊、大型比賽以及相關體育活動連繫起來。他還親自出席 1956 年在墨爾本舉行的奧運會，成為現代運動行銷的鼻祖。1956 年墨爾本奧運會上，愛迪達公司推出了一個附屬品牌—「墨爾本」，這個品牌用來命名愛迪達新研製的改進型多釘扣運動鞋。在那屆奧運會上，穿愛迪達運動鞋的選手共獲得 7 面金牌，從而使愛迪達品牌知名度得到了更大的提升。

正是在霍斯特的倡導下，愛迪達成為一個向優秀運動員免費贈送運動鞋的公司，一家與運動隊簽訂長期提供球鞋、球襪合約的公司，使人們在許多世界級的比賽中看到優秀運動員們腳上穿著愛迪達的產品。同時，愛迪達積極贊助全球性的體育盛會。由於奧運會在人們心中的崇高地位，使之不僅為最優秀運動員提供大舞臺，也為各種專案所使用的運動鞋展現不同功能創造了最好機會。因此，奧運會被愛迪達確定為最理想的贊助對象。愛迪達與可口可樂、Visa 卡等其他贊助商不同，愛迪達運動鞋作為一種商品能實質性地融入比賽。同時，愛迪達與奧運選手和比賽的長期合作，使愛迪達得以與奧林匹克運動建立起堅實的連繫，而其他與體育無關或間歇贊助奧運會的品牌想要發展這種關係是十分困難的。1972 年，愛迪達推出在服裝飾品上廣泛使用、眾所周知的三葉商標。但隨著全球行銷網路持續地發展，愛迪達採取了金字塔型的品牌推廣模式，在三個層面產生影響。首先，該品牌吸引了許多想出成績的運動員，這不僅是出於他們對高效能運動裝備的需求，更在於愛迪達的不斷革新，為選手們發揮高水準給予了技術上實質的支持。其次，愛迪達品牌在那些登上重大比賽領獎臺的運動員身上頻頻出現，激發了更多潛在消費者 —— 週末探險者和業餘運動員的需求。在這個層面上，真正能滿足需求的產品和口碑傳播產生了關鍵作用。第三，上述運動員的品牌偏好逐漸滲透到一般普通健身人群中，而這恰好是一個最大的消費族群。透過這種品牌推廣方式，加之愛迪達已具有的強大市場基礎，其品牌的影響力迅速延伸至與體育運動相關的各個層面。

現在在運動用品的世界中，愛迪達一直代表著一種特別的地位象徵，擁有任何一家運動品牌公司所沒有的支持度。從 1974 年於西德所舉辦的世界盃足球賽中，80%以上的出場球員都選用了愛迪達的足球鞋，便可得知當時愛迪達在世界足壇的威力。而在 1998 年的法國世界盃足球賽中，東道主法國隊更是憑藉愛迪達足球鞋優越的效能，發揮了超水準的實力，擊敗群雄勇奪冠軍，法國足球明星席內丁（Zinedine Yazid Zidane）更榮獲 1998 年世界足球先生頭銜，再次證明愛迪達的品牌權威。

愛迪達幫助過無數的運動選手締造佳績，成就了不少豐功偉業。同時也成就了最佳典範。

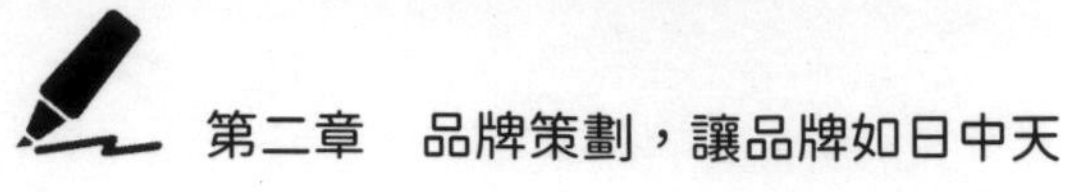

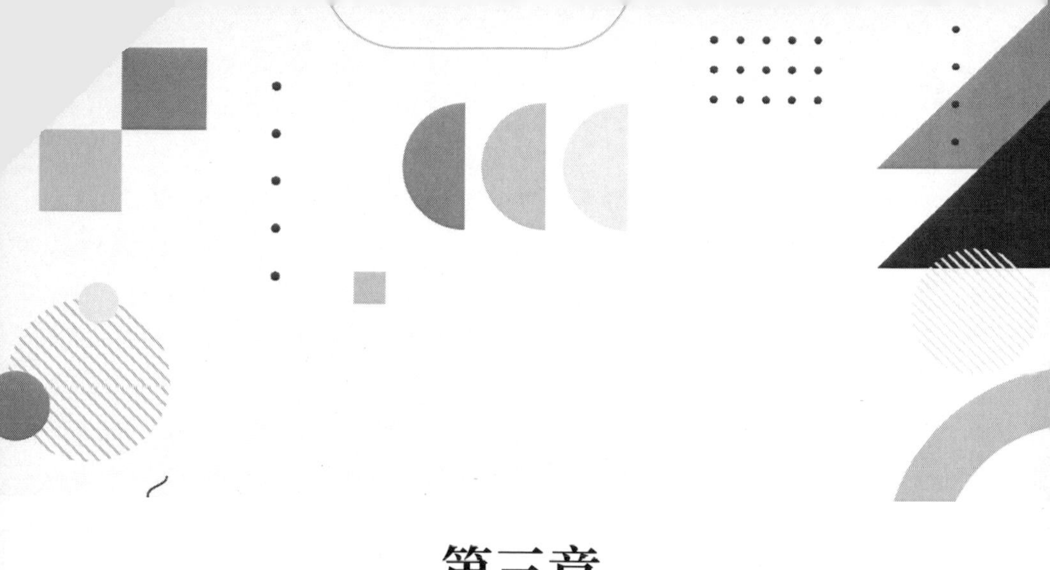

第三章
行銷策劃，策略決定成敗

行銷策劃是對行銷活動的設計與計劃，而行銷活動是企業的市場開拓活動，它貫穿於企業經營管理全過程。因此，凡是涉及市場開拓的企業經營活動都是行銷策劃的內容，必須予以重視。

行銷策劃是一種策略決策

所謂行銷策劃，就是辨識並滿足人類和社會的需求。對市場行銷最簡潔的定義，就是「滿足別人並獲得利潤」。當商家意識到人們在當地買不到最想要的物品時，就發明了網路上購物業務。這些都證明：市場行銷策劃可以把社會需求和個人需要轉變成商機。

同時，我們也可以從社會和管理兩個不同的角度來界定市場行銷策劃。從社會的角度來看，市場行銷策劃的作用就是為別人創造出高水準的生活。從這個意義上講：所謂市場行銷策劃是這樣一種社會過程，就是個人和集體夥同他人透過創造、提供、自由交換有價值的產品和服務的方式以獲得自己的所需或所求。

身為管理者則認為市場行銷策劃是推銷產品的藝術，是企業的一種策略決策，一種思想，一種思考方法，也是一種分析工具和一種較長遠和整體的計畫規劃。它是基於企業既定的策略目標，向市場轉化過程中必須要注意的客戶需求的確定、市場機會的分析，自身優勢的分析、自身劣勢的反思、市場競爭因素的考慮、可能存在的問題預測、團隊的培養和提升等綜合因素，最終確定出成長型、防禦型、扭轉型、綜合型的市場行銷策略，作為指導企業將既定策略向市場轉化的方向和準則。其目的就在於深刻地認識和了解顧客，從而使產品和服務完全適合特定顧客的需要，實現產品的自我銷售。因此，理想的市場行銷策劃應該可以自動生成想要購買特定產品或服務的顧客，而剩下的工作就是如何使顧客可以購買到這些產品或服務。

經營理念、方針、企業策略、市場行銷目標等是企業制定市場行銷策劃的前提條件，是必須適應和服從的。一般在市場行銷策劃的制定過程中，首先要確定的就是市場行銷目標。確定目標時必須考慮與整體策略的連繫，使目標與企業的目的以及企業理念中所明確的、對市場和顧客的姿態相適應。

首先，對總體環境、市場、行業、本企業狀況等進行分析，以期準確、動態地把握市場機會。總體環境即圍繞企業和市場的環境，政治、法律、社會、文化、經濟、技術等。了解分析這些環境對制定市場行銷策略的重要性。因為，環境的變化對企業既是威脅也是機遇。關鍵的是我們能否抓住這種機遇或者使威脅變為機遇。例如，人口結構的變化，即獨生子女化和老年化。

其次，從市場特性和市場狀況兩個方面來對其進行分析。關於市場特性，它包括以下幾個方面：互選性，即企業可選擇進入的市場，市場（顧客）也可選擇企業（產品）；流動性變化，即市場會隨經濟、社會、文化等的發展而發生變化，包括量和質的變化和競爭性，即市場是企業競爭的場所，眾多的企業在市場上展開著激烈的競爭；導向性，即市場是企業行銷活動的出發點，也是歸屬點，擔負著起點和終點的雙重作用；非固定性，即市場可透過企業的作用去擴大、改變甚至創造。

第三，行業動向和競爭。把握住了行業動向和競爭就等於掌握了成功的要素，所以一定要了解和把握企業所在行業的現狀及發展動向。

第四，企業狀況。利用過去實績等數據來了解公司狀況，並整理出其優勢和劣勢。策劃實際上是一種企業用以取勝的計畫，所以，企業在制定策劃策略時必須充分發揮本公司的優勢，盡量避開其劣勢。

行銷策劃的步驟是企業的行銷管理過程，是市場行銷管理的內容和程序的展現，是指企業為達成自身的目標，辨別、分析、選擇和發掘市場行銷機會，規劃、執行和控制企業行銷活動的全過程。

企業市場行銷策劃管理過程包含下列四個相互緊密連繫的步驟：分析市場機會，選擇目標市場，確定市場行銷策略，市場行銷活動管理。

第一，分析市場機會。在競爭激烈的買方市場，有利可圖的行銷機會並不多。企業必須對市場結構、消費者、競爭者行為進行調查研究，辨識、評價和選擇市場機會。企業應該善於透過發現消費者現實的和潛在的需求，尋找各種機會，並找到最適當機遇。

第二，目標市場的選擇是企業行銷策略性的策略，是市場行銷研究的重要內容。企業首先應該對進入的市場進行細分，分析每個細分市場的特點、需求趨勢和競爭狀況，並根據本公司優勢，選擇自己的目標市場。

第三，企業行銷策略的制定展現在市場行銷組合的設計上。為了滿足目標市場的需要，企業對自身可以控制的各種行銷要素如品質、包裝、價格、廣告、銷售管道等進行改良組合。重點應該考慮產品策略、價格策略、通路策略和促銷策略等，建立行銷組合。

最後，行銷管理離不開行銷管理系統的支援。它們包括：

(1) 市場行銷策劃。既要制定較長期策略規劃，決定企業的發展方向和目標，又要有具體的市場行銷計畫，具體實施策略的計畫目標。

(2) 市場行銷企業。行銷計畫需要有一個強而有力的行銷企業來執行。根據計畫目標，需要組建一個高效的行銷企業結構，需要對企業人員實施篩選、培訓、激勵和評估等一系列管理活動。

(3) 市場行銷控制。在行銷計畫實施過程中，需要控制系統來確保市場行銷目標的實施。行銷控制主要有企業年度計畫控制、企業盈利控制、行銷策略控制等。這三個系統相互連繫，相互制約。

所以說，行銷策劃是市場行銷企業活動的指導，是行銷企業的一種長遠的策略決策。

從企業整體性出發的行銷策劃

在當今社會，企業面臨著嚴峻的挑戰。如何在殘酷的經濟環境中求得生存並實現較好的業績，是企業必須面對的重要問題。在應對上述挑戰的過程中，市場行銷策劃扮演著十分重要的角色。如果沒有足夠的產品需求或者服務需求來產生利潤的話，那麼企業的發展將變得虛無縹緲。換句話說，盈利水準一定會受到眾多因素的影響，因此常常被限制在一個可能的區域當中。一般而言，利潤方面的成功往往取決於行銷策劃能力的大小。

從廣義的角度來說，行銷的重要性還可以擴展到整個社會。也就是說，市場行銷策劃對整個社會都會產生重要影響。新產品的投放和得到顧客的認可，都離不開市場行銷策劃的重要作用，新產品可以使人們的生活日益豐富、舒適。顧客的認可可以提升產品在市場中的地位，這一過程也有助於改進和更新現有的產品。而且，成功的行銷活動可以創造顧客對產品或者服務的需要，進而創造出新的就業機會。此外，從對盈利水準所做的貢獻來看，成功的行銷策劃活動也可以使企業更積極地投入社會責任活動中去。

狹義上講，行銷策劃必須決定在新產品或者新服務中應包括哪些新特點，確定什麼樣的價格水準，在什麼地方銷售自己的產品或者提供自己的服務，並確定在廣告、銷售、網路行銷中花費多少費用。而且，在網路高度發達並發揮重要作用的環境中做出上述決策。在這樣的行銷環境中，客戶、競爭、技術和經濟因素都在快速地發生著變化，而且行銷人員的語言和行動的影響也會在網路環境中得到放大。

所以說，企業必須從整體性角度分析當前形勢，制定目標和計畫。它包括情景分析、目標、策略、戰術、預算和控制六個步驟。

情景分析

企業首先要明白所處環境的各種總體力量（經濟、政治／法律、社會／文化、技術）和局內人（企業、競爭者、分銷商和供應商）。企業可以進行 SWOT 分析（優勢 Strengths、劣勢 Weaknesses、機會 Opportunities、威脅 Threats）。但是這種分析方法應該做一些修改，修改後成為 TOWS 分析（威脅 Threats、機會 Opportunities、劣勢 Weaknesses、優勢 Strengths），原因是分析思維的順序應該由外而內，而不是由內而外。SWOT 分析方法可能會賦予內部因素不應有的重要性。

目標

情景分析中那些最好的機會，企業要對其進行排序，然後由此出發，定義目標市場、設立目標和完成時間表。企業還需要為利益相關者、企業的聲譽、技術等相關方面設立目標。

策略

任何目標都有許多達成途徑，策略的任務就是選擇最有效的行動方式來完成目標。制定策略分為三個階段，第一個階段要確定目標，即企業在未來的發展過程中，應對各種變化所要達到的目標。第二階段要制定一個規劃，當目標確定了以後，考慮使用什麼方法、什麼措施、什麼方法來達到這個目標，這就是策略規劃。最後，將策略規劃形成文字，以備評估、審批，如果審批未能通過的話，那可能還需要多個迭代的過程，需要考慮怎麼修正。

戰術

策略充分展開成細節，包括整個商品或消費品市場的數量和金額分析；各競爭店或品牌商品結構的銷售量與銷售額的分析；目標市場和商品定位；經營目標；價格策略；分銷策略；廣告形式和投資預算；促銷活動的重點和原則；公關活動的重點和原則；各部門人員的時間表和任務。

預算

企業為達到其目標所計劃的行為和活動需要的成本費用。各項費用在根據實際情況進行具體、周密的計算後，用清晰明瞭的形式列出。

控制

企業必須設立檢查時間和措施，及時發現計畫完成情況。如果計畫進度滯後，企業必須更正目標、策略或者各種行為來糾正這種局面。

時至今日，企業的行銷策略一定要從整體性出發，遵守以上六個步驟，才能具有指導意義。如果出現戰術和策略不相關、目標不現實、行銷策劃要求預算過大、控制不足等問題時一定要重新修改。因為，不好的行銷策劃肯定無法為企業帶來利益。

行銷策劃的穩定性

目前，在一系列重要的社會因素的共同作用下，市場已經發生了翻天覆地的變化，它們不僅塑造了新的行為，而且也提供了不少新的機會和挑戰。例如，數位革命創造了嶄新的資訊時代。在資訊時代裡，行銷的主要特徵包括精確的生產水準、更有針對性的宣傳和更適當的定價。交通、運輸和通訊技術的快速發展，使企業在其他國家經銷自己的產品變得更容易，也使得消費者在其他國家採購所需要的產品和服務變得更便利。由於越來越多的人到國外（其他國家）工作或旅遊，使國際旅遊業實現了快速的成長，而且這一成長趨勢仍在繼續。

同時，許多國家都放鬆了對某些行業的管制，以便創造更多的競爭和發展機會。例如，在美國，關於限制涉入金融、電信和電力事業的法律已經逐漸放鬆，從而創造出更大程度的競爭。也有許多國家將國有企業（或上市公司）向私有化方向轉變，以便提高企業的管理效率，如英國航空公司和智利電信公司。

這些對企業而言，正面臨著來自國內外的激烈競爭，這讓企業在一般情況下不應該隨便改變行銷策劃。因為，企業的行銷策略就如同企業產品品牌，除了將某一產品與其他產品相區別，還在於他是產品品質的象徵。不同品牌代表不同企業的工藝特點和產品品質水準。名牌產品是著名品牌，代表產品含金量，它是引導消費者優先購買的目標。

好的行銷策略是良好企業形象的象徵和外顯，能增強企業競爭力，推動市場經銷的發展。行銷策劃與品牌都是產品的標記，必須一致。這樣才能有利於降低產品成本，鞏固和提高企業聲譽，吸引消費者對產品產生偏愛，可以促進產品銷售。

通常，有以下幾種行銷策略運用的方式供企業選擇決斷：

品牌統一行銷策劃

就是企業所有產品使用同一種品牌和商標。日本的索尼、日立、三洋、東芝等著名公司，所生產的系列產品都使用同一個品牌和商標，並且和企業名稱保持一致。極大地擴大了品牌的良好形象，提高了企業的知名度。採用這種行銷策劃的優點是，可以藉助已經成功的品牌和商標推出新產品，使新產品順利進入市場，節省品牌和商標設計費用及廣告促銷費用等。但採用這一行銷策劃，必須對系列產品實行嚴格的品質管制制度。

不同品牌行銷策劃

同一家企業的產品分別使用不同的品牌和商標，採取不同的行銷策劃。適用於不同品質的產品，能嚴格區分產品品質的高、中、低等級，便於滿足不同消費者的需要。出現品質問題不影響其他品牌的信譽和形象。

更換行銷策劃的策略

如果企業現有的行銷策劃制約企業發展，必須捨棄，採用全新策劃，以便顯示企業的特色，塑造企業新形象。採用這種策略投入較大，要周密策劃並進行多種策劃方案的比較和論證之後再慎重決策。

改進行銷策劃的策略

就是在原行銷策劃基礎上進行某些區域性改變，改進後的行銷策劃同企業原有的相接近。採用這種策略，主要在企業逐漸過渡到使用改進的新品牌和產品時期，風險較小。

行銷策劃者的基本要求

今天，廣告行業市場的競爭日趨激烈，行銷策劃越發顯得重要。想成為一名出色的行銷策劃者，必須具備三種能力：一是思考力，它是對一個人邏輯和判斷極為重要的衡量標準，而策劃其實很多時候起源於判斷力和觀察力，然後是分析能力，要有很強的綜合、分散的活絡細胞；二是專業力，策劃還是需要大量知識技能作為後盾的，包括哲學、心理學、社會學等廣泛的學科和「人性」經驗，同時也需要其他各個用於大量解決現實問題的綜合知識，最寶貴的是運作專案的實際經驗，這些都是需要在實踐中才能不斷吸取思考精華的，某種程度上而言，思考是策劃者最重要的生存技能，這裡還應該包括思考中所需要的學習能力、行動能力；三是行業力，光有腦子不了解各種行業特性和內部機制，是無法操刀一個專案的，行業力需要策劃者不斷累積經驗，因為許多行業知識無法在書本或別人的教導中學會貫通，很多與現實情況緊密相關的細節需要親身經歷與廣泛參與。除此之外，還需謹記「察、思、奇、雜、簡、德、勤、信」這「八」字真言。

「察」

荀子說：「知道，察也。」講的就是明白道理、掌握情況。身為一名策劃者應該做到深入現場進行考察，以探求客觀事物的真相、性質和發展規律。能掌握第一手資料，在做任何一個專案的行銷策劃前，除了依靠專人調查外，自己還要親臨現場，細查、深究。因為，調查是一切行銷策劃的基礎、源頭，策劃成功與否，取決於掌握的情況準不準、全不全、深不深。

「思」

孔子說：「三思而後行。」做好一個專案的策劃，身為策劃者可以站在不同的角度，為對方考慮、為自己考慮、為他人考慮，從過去的經驗、周圍其他人影響、未來可能產生的結果中，制定一個最適合的方案。這就不僅要三思，甚至要十思、百思、日思、夜思、冥思、苦思，要全神貫注，不分心。作為職業，還要善於納集體之思，強調團隊精神，把每個人的積極性都調動起來，以達到創新。事實也證明，許多點子、新創意，都是在掌握大量第一手資訊情報後，在勤思中迸發出靈感火花的。

「奇」

古人曾說：「奇正之變，不可勝嘗也。」「善於奇者，無窮如天地，不竭如江河。」由於市場是動態的，可以隨之而變化，所以這也要求策劃者具有創造性的思維，要在日常生活和商務活動中善於用心、動腦，捕捉資訊，觀察人和事，養成特有的思考能力和思維方式；要頭腦靈活，思維敏捷，創意新穎，規劃超前；要學會出奇制勝，奇就是獨創、變化、標新，尋求差異化，事實上，出奇也是職業個性的發揮和張揚，只有依據不同專案特點，揚長避短，將個性發揮到極致，才能盡顯獨特的風貌。

「雜」

行銷策劃要避免單一，講究交融、貫通，做到邊界滲透、資源整合。具體而言，企業策劃者就是運用策劃學的決策、計劃、競爭、預測、管理、創新的基本功能，在調查、謀劃、評價、回饋的程序過程中，科學地設計，選擇一種改變企業現狀的規劃藍圖。把產品策劃、廣告策劃、競爭策劃、CI 策劃和公共關係策劃等融為一體，形成系統有序的企業策劃流程，為企業管理和決策提供依據。塑造企業形象、實施名牌策略，凸出企業精神和經營理念，建立企業形象和行為規範是策劃者所追求的目標。而其終極目標就是使企業獲得持久利潤。因此，行銷策劃除了精通專業之外，還要用各種知識武裝自己，以便融會貫通、靈活應用、揮灑自如。

「簡」

大道至簡，大道理是極其簡單的，簡單到一兩句話就能說明白。所謂「真傳一句話，假傳萬卷書」。在商界效率就是效益，而效率則取決於實施過程是否簡便、迅速。顯然，在追求效益的市場環境下，如果弄得很深奧可能是因為沒有看穿實質，搞得很複雜可能是因為沒有抓住程序的關鍵。所以，行銷策劃方案必須簡潔、明瞭，如對市場前景、行業背景、競爭對手、功能定位、形態布局、行銷策劃、整合推廣要有清晰的結論、量化的依據，使人一看就了解，就可以操作。這要求行銷策劃者，有超強的理解感悟能力，追求簡約、高效的工作作風。

「德」

品德操守，對一個策劃者是至關重要的，它是衡量一個人的道德規範標準，人品的好壞，同時它也決定著一個人在這個行業的壽命。行銷策劃者既要有人品，還要有良好的操守。行銷策劃者，必須遵循這個行業的職業道德，操守要好。市場經濟是法制經濟和道德經濟，行銷策劃者的道德操守和職業道德是安身立命之本，也是個人的無形資產和品牌，應加強維護，使之增值。

「勤」

隨著社會的發展，城市化程序的加快，「大魚吃小魚」的時代已不復存在，取而代之的是「快魚吃慢魚」。身為行銷策劃者必須適應市場變化需求，要具有策劃學、廣告學、經濟、文學、政治、思維等方面的相關知識，並能掌握關於系統論、控制論、資訊論、未來學等方面的基礎理論。對於各種情況和多種資訊能進行科學的分析和判斷，對事物變化的趨勢做出準確的評估。要有遠見卓識和創造力，勇於大膽提出構思嚴謹、設計別緻、選擇合理的企業策劃。所以，必須做到五勤：即手勤、腿勤、眼勤、耳勤、嘴勤，不斷提升專業水準，降低市場風險。

「信」

在現代經濟社會中，誠信不僅僅是一種道德規範，也是能夠為企業帶來經濟效益的重要資源，在一定程度上甚至比物質資源和人力資源更為重要。奇異公司在給其股東的一封信中首先講的就是企業誠信問題，「誠信是我們價值觀中最重要的一點。誠信意味著永遠遵循法律的精神。但是，誠信也不僅僅只是個法律問題，它是我們一切關係的核心。」所以說行銷策劃者必須以高度責任心對待所負責的專案，不可將「難得糊塗」放在嘴邊、不可以敷衍搪塞、不可以閉門造車，更不可誇大其詞、欺世盜名。雖然這會給行銷策劃帶來更大的壓力，但會因盡責而實現價值感到心安理得，很有成就感，同時還會為自己贏得良好的信譽，對推動企業從優秀邁向卓越具有巨大的促進作用。

由此可見，要想成為一名企劃人，必須是一個全才、通才，可是這對於許多人來說，掌握這麼多知識、技能，特別是一些寶貴的經驗，並不能一蹴而就，因此，企劃人必須不斷地學習、感悟，這樣才能在周而復始的學習中不斷進步。

企業行銷策劃的常見失誤

隨著市場經濟體制的建立和市場行銷理論的引入，不少階段性的成功行銷個案令人敬佩。但值得我們繼續學習和探討的地方還很多，等待著實踐者去解決。

行銷策劃無用論

這種觀點認為行銷策劃只是為了私利賺錢，只要會說就行。這是對策劃的一種莫大的誤解。首先，策劃本身是一門藝術性的科學，是由多學科構成的邊緣性綜合應用型科學。策劃的原則、方法、理念等基本理論都有著深厚的理論淵源，程序有著嚴密的邏輯關係。因此，市場行銷策劃不是亂說，是建立在科學理論之上、運用科學方法進行操作的一門學問。其次，對策劃者本身也有很高的要求，不是誰隨便都可以做好策劃的。身為策劃者，既要有事業心、責任感，又要有相當敏銳的觀察能力和相當技巧的分析能力；有實踐經驗，又有豐富的專業知識；既是一個思想家，又是一個雜家、策略家。由此可見，真正能做策劃的人，要求還是非常之高。

行銷策劃萬能論

隨著市場競爭的激烈，企業在經營與管理中遇到的難題也越來越多，一些管理者就把解決問題的希望幾乎完全寄託在某些策劃上，這是極其錯誤和危險的。首先，企業自身練功是最重要的。把希望寄託在策劃上不能解決企業長期發展的最根本問題。任何一家企業在市場競爭中，首要任務是苦練本身內功，企業自身的綜合素養和領導者的綜合素養是決定成敗的關鍵因素。因此，作為企業應該首先圍繞自己本身如何加強整體的提高，如何加強企業的市場應變能力、核心競爭能力，把眼光首先盯在自己身上。

其次，在提升自身素養和能力的前提下，適時學習他人的經驗和智慧成果，達到內外結合，融人昇華。隨著市場經濟的發展，科技進步，社會化分工越來越細。而企業本身的能力是有限的，一個領導者的能力也是有限的，為了應付市場的迅速變化和激烈競爭，適時引進人才和他人的成果來增加競爭的能力，增強應對的措施，誠然也是無可非議的，這和完全依賴一兩個策劃的成功有本質上的不同。

市場調查無用論

目前，很多銷售或行銷決策者們仍然不甚了解或懷疑市場調查的價值，更相信自己從各個管道直接聽到或看到的資訊，儘管這些資訊他個人也覺得只是「僅供參考」的水準。究其原因，大多是以下幾點：

(1) 不了解市場調查的目的、方法和價值，不知道在何種情況下使用何種調查方法。
(2) 沒有做過市場調查，故沒有體驗過其價值。
(3) 做過幾次市場調查但品質不佳或利用效果不好而全盤否定或懷疑。
(4) 認為自己的資訊量、尤其是感性資訊量足夠，再委託別人調查純屬多餘或浪費。
(5) 上市時間太緊，沒有時間進行長達 1 個月或數月時間的市場調查。
(6) 因為其他不便明說的原因，不願意出現與自己想像不同的數據而影響自己或企業原有的形象。

其實，幾乎每一個決策者都知道資訊對於決策的作用，而資訊定量和定性兩種，缺一不可。前者多是委託他人調查，後者多是自己直接的感受，同時兩種資訊途徑也多有交叉互補。不管決策者是因為什麼原因而否定或懷疑市場調查的價值，恐怕對企業和個人都是一個程度不等的損失。

經驗論

這也是一部分策劃者的誤解。有些人在企業行銷一線的實踐經歷較久，有豐富的行業行銷管理經驗，甚至對自己從事的行業市場行銷有一定的研究，因此就認為自己可以做好策劃。

實踐證明，有實踐經驗是做好策劃的必要條件，但不是充分條件。也就是說要做好策劃，做一個優秀的策劃者，一定要有市場行銷的實踐經驗。不了解企業的行銷運作、不了解行業動態的人，可能會是憑空瞎吹，是很難做好策劃的。反過來，有了實踐經驗的人，也並非就能成為優秀策劃者。這是因為，策劃者除了具有實際工作經驗外，還需要有其他的保障條件。因此，有了實踐經驗也並不一定能成為優秀策劃者。

策劃方案可以模仿著做，實際上這是對策劃的核心的誤解，策劃的核心是創意，每一個策劃方案都是一種新的思維的表現，是贏得競爭勝利的先決條件。在市場競爭中，市場的形勢複雜多變，作為企業要獲得競爭的優勢，就必須對自己的競爭手段進行創新，這樣才能戰勝對手。如果策劃方案可以模仿，這樣的方案不能叫策劃方案，也沒有力量去戰勝對手，甚至還可能貽誤先機，給企業造成不必要的損失。因而，策劃方案是不能模仿的，一定要從創新基點出發來構思策劃方案，對於每一次策劃來說，都是對行銷理念和行銷手法的創新，也只有這樣才能展現策劃方案的價值。

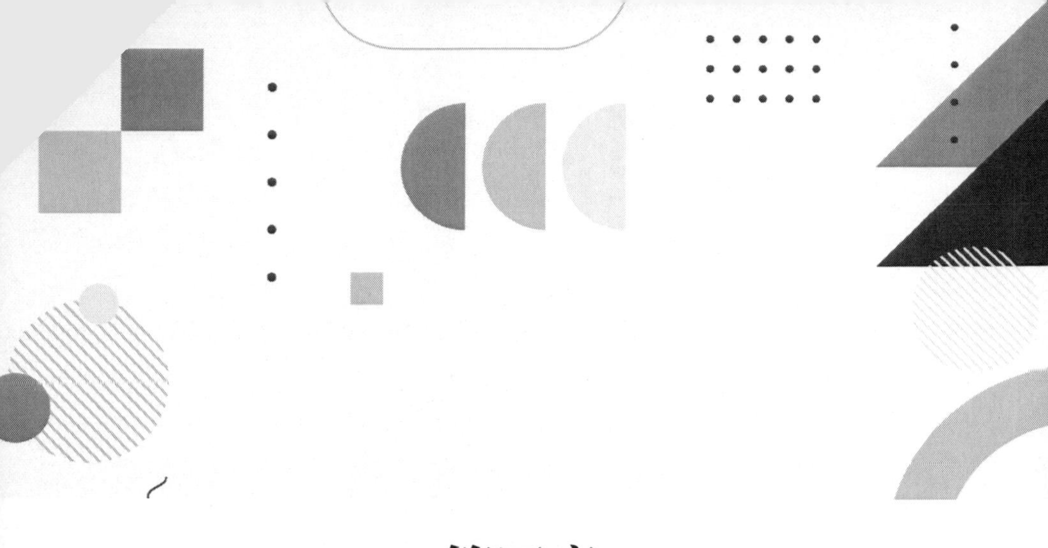

第四章
公關活動策劃，累積無形資產

為了應對突發事件和建立良好的公共關係，企業經常會策劃一些公關活動，作為公關活動的重要內容，公關活動策劃是企業公關活動中必須要做好的內容，那麼，具體該如何做呢？本章將告訴你答案。

公關活動策劃：化解危機的重要手法

危機是市場經濟活動的影子，也是公共關係過程中的伴隨物。企業在經營管理活動中，由於決策失誤、產品設計與品質問題、公共關係活動違反法規規定、經營人員的態度與水準問題以及新聞媒介和競爭對手的誤導等一系列原因，總是不可避免地出現一些危機事件，當危機無可避免地爆發時，態度常常直接影響結果。就像一個人做了錯事，或者沒把事做好，反而扭著脖子狡辯，結果只會更糟。而勇於承擔責任，雖然可能在經濟上吃一些虧，但有時反而可能把一場危機轉化為有利於品牌推廣的契機。對於這其中的道理，知道如何駕馭帆船逆水行舟的人便是深諳此道者。以下六項應對公關危機的策略可以有效地化解危機，甚至造成積極的效果：

以策略高度面對危機

現在很多公關危機失利的主要原因，就是沒有把看起來並不大的事件當回事，但「千里之堤，潰於蟻穴」，這樣的態度將導致事件影響與危害不斷蔓延，直到不可收拾、完全失控的地步。其實，危機發生後，公眾通常會關心兩方面的問題：一方面是利益的問題，另一方面是感情問題。正確的做法是當發生公關危機時不論事件大小企業都要站在策略的高度上來謹慎對待。企業首先不應追究其責任，應該主動承擔責任，即使受害者在事故發生中有一定責任。否則，會各執已見，加深矛盾，引起公眾的反感，不利於問題的解決。同時，企業應站在受害者的立場上表示同情和安慰，並透過新聞媒介向公眾致歉，解決深層面的心理、情感關係問題，只有這樣才能把危機事件快速解決並把危害控制到最小，才能贏得民眾的理解和信任。

以系統執行解決危機

危機發生後，首先要與全體員工進行溝通，讓大家了解事件細節，以便配合進行公關危機活動，比如保持一致的口徑，一致的行為等。接下來就是與媒體進行溝通，必須第一時間向媒體提供真實的事件情況，並隨時提供事件發展情況，因為如果你不主動公布資訊，媒體和民眾就會去猜測，而猜測推斷出的結論往往是負面的。所以，這個時候必須及時坦誠地透過媒體向大眾公布消息及事件處理進展，這樣可以有效地填補此時輿論的「真空期」，因為這個「真空期」你不去填補它，小道消息、猜測，甚至是競爭對手惡意散布的消息就會填滿它。而後就是與政府及相關部門進行溝通，得到政府的支持或諒解，甚至是幫助，對控制事態發展有很大的幫助。同時也要與合作夥伴等進行溝通，以免引起誤解及不必要的恐慌。

速度是解決危機的第一守則

危機吞噬的是企業、品牌的信譽。速度是公關危機中的第一原則。堤壩出現一條裂縫，馬上修補很簡單，如果速度遲緩，幾十分鐘就可以發生潰壩。企業發生危機時就像堤壩上的一條裂縫一樣，馬上修補可以避免很多損失，但如果因為看似很小的問題，沒有引起重視或缺乏危機處理經驗等原因，而錯過了最佳處理時機，將導致事件不斷擴大與蔓延。最初的 12 到 24 個小時內，訊息會像病毒一樣，以裂變方式高速傳播。而這時候，可靠的資訊往往不多，社會上充斥著謠言和猜測。公司的一舉一動將是外界評判公司如何處理這次危機的主要依據。媒體、民眾及政府都密切注視公司發出的第一份宣告。對於公司在處理危機方面的做法和立場，輿論贊同與否往往都會立刻見於傳媒報導。

因此公司必須當機立斷，快速反應，果決行動，與媒體和公眾進行溝通。從而迅速控制事態，否則會擴大突發危機的範圍，甚至可能失去對整體性的控制。危機發生後，能否首先控制住事態，使其不擴大、不更新、不蔓延，是處理危機的關鍵。

真誠溝通是危機解決中的核心概念

矛盾的 80%來自與缺乏溝通，很多事只要能恰當地溝通就會順利解決。當發生公關危機時溝通是最必要的工作，也是處理危機的基本原則之一。這時的溝通必須是真誠的，它包括誠意、誠懇、誠實。只有這樣危機才能迎刃而解。誠意，在事件發生後的第一時間，公司的高層應向民眾說明情況，並致以歉意，從而展現企業勇於承擔責任、對消費者負責的企業文化，贏得消費者的同情和理解；誠懇，一切以消費者的利益為重，不迴避問題和錯誤，及時與媒體和民眾溝通，向消費者說明事件的進展情況，重拾消費者的信任和尊重；誠實，是危機處理最關鍵也最有效的解決辦法。我們會原諒一個人的錯誤，但不會原諒一個人說謊。

借力用力的權威證實

發生危機時若自身沒有問題，通常都會急於跳出來反駁，與媒體、閱聽人，甚至政府打口水仗，這樣的結果往往是即使弄清楚了事實的真相也會失去了大眾對其的好感，更容易導致事件的擴大，擴展到企業誠信問題，社會責任問題等方面，導致有理的反倒沒了理。這時應該以一個積極的態度，採用曲線救國，請重量級的第三者在檯面上說話，使消費者解除對自己的警戒心理，重獲他們的信任。有了證據之後再主動聯絡媒體，讓媒體為自己說話，必要的時候再讓消費者為自己說話，但盡量不要在事件還未明朗、大眾還存在誤解的時候去說話。如果企業自身確實有責任與過失，那就更不要站出來說過多的話，不如說一句：「對不起，我們將承擔全部責任。」而後用事實來證明。在穩定了民眾情緒後藉助媒體與相關部門進行公關危機，比如釋出企業的改正程序，表示不會對消費者造成太大危害等，消除消費者的不滿情緒，博取同情，而後盡快讓事件過去。

轉移視線贏回轉機

當企業發生公關危機時，在妥善處理後要盡快把大眾視線引開，否則糾纏下去對企業會十分不利。但這種方式不是推委責任與瞞天過海，而是在正確採取措施並得到妥善處理後讓事件的餘震盡快結束。比如推出新產品，新發明，企業捐助公益事業等相關新聞，以轉移大眾的視線。此時若企業公關危機手法得當不僅可以化解危機，還可以提升企業或品牌的知名度，樹立良好的企業形象。

當然，再好的公關危機也不如不發生危機。作為活動營運企業，所有的活動都是與民眾息息相關的，平時就應該防患於未然，建立危機防範預案，設立一條危險線。如果活動規模、聲勢較大，就應該設立專門的公關危機部門負責處理企業危機，以便敏感快速地做出反應，控制或迴避風險。

公關活動策劃的基本原則

公關活動策劃的基本原則是指社會組織在策劃公共關係活動中必須遵循的準則和所要達到的基本要求。公關活動策劃的實踐證明，社會組織想要有效地展開公共關係活動就必須始終堅持和遵循以下基本原則：

尊重事實原則

真實是公共關係的生命，是公共關係產生的根源，沒有事實，就沒有公共關係；事實是公共關係工作得以展開的動力，沒有公共關係人員對事實的準確把握和符合實際的客觀分析，公共關係工作就難以展開。一切從實際出發，按客觀規律辦事，公共關係活動才能做到得心應手。

公眾利益原則

福爾摩斯有一句經典的話：「如果我的毀滅確實可以贏得公眾的利益，那麼，我很樂意迎接死亡！」企業也應該抱有這樣的思想，只有在此思想基礎上，企業才能獲得一個良好的生存與發展環境，社會大眾的理解和信任，不僅會支持企業的發展，同時意味著市場的拓寬。公眾利益原則是實現

企業利益與社會利益有機結合的基本前提，也是企業公共關係活動能否達到預期目標的核心問題。企業在制定公關活動策劃時，必須將公眾的利益放在首位，以公眾利益為出發點：一、要求組織在一切活動中尊重公眾利益；二、要求組織承擔社會責任；三、要求組織滿足公共需求。

社會效益原則

社會效益是指企業的社會實踐活動對社會發展所起的積極作用或產生的有益效果。社會效益有廣義和狹義之分。廣義的社會效益包括政治效益、經濟效益、思想效益和文化效益等。狹義的社會效益包括企業誠實守信的經營信條，以德取人、以信取人、以質取人、以誠取人良好的企業形象。

社會效益，既包括了社會組織的自身利益，也包括了社會公眾的利益，它是兩者根本利益的總和，是立足於整個社會而言的。

目標量化原則

公關活動是企業為了建立品牌的知名度、認知度，為了讓更多的目標消費者去購買企業產品的傳播需要。因此，沒有目標而耗費巨資做活動是不可取的也是不值得的。有一些企業，看到同行做節日公關活動，就也要做，而且要求活動規模更大、規格更高、發稿更多，但說不清楚為什麼要做，要傳播什麼樣的賣點、概念，沒有設立目標。有的企業做公關活動，設定了不少目標，比如，提升知名度、信譽，促進銷售等，但是沒有量化（提升知名度的百分比，促進銷售的貨幣額度），方向模糊，錯把目的當目標。目標一定要量化，要指日可待。只有量化目標，公關活動策劃與實施才能夠明確方向，才會少走彎路。

集中主題原則

公關活動是展示企業品牌形象的平臺，不是一般的促銷活動，因此必須，確定活動主題，並以主題作為策劃的依據和主線。現在很多企業的公關活動，花了不少錢但不知做活動的目標是什麼，也不會讓消費者留下深刻的印象。所以，公關活動策劃時一定要提煉一個鮮明的主題並傳播，才能把相關資源整合起來，從而完成活動目標。同時，公關活動策劃也需要一個非常精彩的高潮與主題結合，這樣主題更有唯一性、相關性、易於傳播性，也是公關活動環節設計中最精彩、最傳神的地方。當然，集中傳播一個主題，並不是只傳播一條訊息，而是把活動目標和目標民眾兩項因素結合起來，重點凸出一個主題，提升活動的有效性。

公關媒體自身運作原則

其實，公關活動本身就是一個傳播媒體，它具備大眾媒體的很多特點，其作用和大眾傳媒相比，只是公關活動實施前不發生傳播作用，一旦活動展開起來，它就能產生良好的傳播效應。公關活動因其組織利益與公眾利益並重的特點，具有廣泛的社會傳播性，本身就能吸引民眾與媒體的參與，以活動為平臺透過公眾和大眾傳媒傳播。在策劃與實施公關活動時，配備好相應的會刊、通訊錄、內刊、宣傳數據等，實現傳播資源整合，能提升公關活動的價值與效果。如果企業忽視公關媒體的運用，就會出現傳播障礙，造成宣傳不力、溝通不力、組織不力。所以，我們要注重挖掘公關活動的媒體作用，注重發掘、使用、會刊，不然公關活動很可能還沒來得及發揮作用就草草收場，造成很壞的影響，在民眾心目中的形象也會大打折扣。

注重調查的原則

國內不少公關企業做公關活動，因缺乏公共研究意識或公共研究水準有限、代理費少、時間緊等原因，省略公共調查這一重要工作環節已是司空見慣的事情。想一個好的點子，找一個適當的日子就可以辦公關活動，這已經是通病，其實這種做法是完全不正確的。「沒有調查就沒有發言權」、「知已知彼，百戰不殆」。只有摸清自己的優劣勢，洞悉公眾心理與需求，掌握競爭對手的市場動態，進行綜合分析與預測，才能揚長避短，調整自身公關策略，才能贏得公關活動的成功。實踐證明，公關活動的可行性、經費預算、公眾分布、場地交通情況、相關政策法規等都應進行詳細調查，然後進行比較，形成分析報告，最後做出客觀決策，這樣做出的公關活動企劃書，才能達到公關活動的目標。

危機意識原則

大型公關活動有一定的不可確定性，為了杜絕意外事件發生，公關人員在策劃與實施的過程中要抱有強烈的危機意識，充分預測到有可能發生的各種風險，並制定出相應的對策。只有排除了所有風險，制定出的策劃方案才有實現的保障。只有這樣當發生緊急事件時，才能隨機應變，不手忙腳亂，不同媒體建立對立關係，避免負面報導。同時，化危機為機遇，藉助突發事件擴大傳播範圍，藉助輿論傳播誠意，爭取大眾的支持，化被動為主動。

公關活動策劃流程

公關活動策劃流程與其他行銷策劃的流程基本一致，在完成了專案調查研究以後，公關活動策劃就進入了設計規劃階段。這部分可分成策略策劃和戰術策劃兩個部分。

企業形象策略的建立

制定公關活動策劃的最根本任務就是建立企業形象的策略策劃。它包括對企業未來若干年內生存發展環境的策略預測，企業將會遇到哪些競爭對手，企業的公共結構及大眾的需求將會發生什麼樣的變化等企業發展的策略性思考。可以說，企業形象的策略策劃應成為企業各項工作的基本指標。同時企業形象的策略策劃，要有一定的穩定性，應在至少 5 年以上的時間內保持不變，因此意義重大，必須慎重。

而每一次具體公關活動，也是策略計劃階段的形象設計。只有在此基礎上，企業才能進一步策劃具體的公關活動。如果離開了企業形象的策略策劃，具體的公關活動就失去了靈魂，變成了一種效益低下的盲目投資，有時甚至會產生負面的效果。

公關活動的戰術流程

當企業的策略形象確定以後，具體的任務就是落實它，每一次戰術性的公關活動，都是公關策略目標的實現。具體公關活動的策劃過程如下：

選定主題：每一次的公關活動都要有一個明確目標，準備「做什麼」和「要取得什麼成果」。所以，確定公關目標具有非常重要的意義。

選擇群體：一家企業的服務群體往往是多方面的，所以每一次活動都要有所側重，不可能面面俱到。企業需要根據宣傳的主題選擇客群。這樣，公關活動才能重點凸出，順利達到預期的目的。

選擇公關模式：所謂公關模式，就是指由一定的公關目標和任務，以及為現實這種目標和任務所應用的一整套工作方法構成的一個有機系統。公關模式不同，其功能也就不同。在制定公關計畫時，要根據事先確定的主題選擇民眾、選擇公關模式。常見的公關模式包括：

宣傳型公關：主要利用各種傳播媒介直接向民眾介紹自己，以求最迅速地將企業資訊傳輸出去，形成有利於己的社會輿論。如發新聞稿，登公關廣告，召開記者招待會，舉行新產品發布會，印發宣傳資料，發表演講，製作視聽資料，出版內部刊物等。其特點是：主導性強，時效性強，範圍廣，能迅速實現企業與民眾的溝通，獲得較大的社會反響。但它的局限性主要表現為：傳播層面淺，訊息回饋少，使傳播效果一般停留在「認知層面」。

服務型公關：以提供各種實惠的服務工作為主，目的是以實際行動獲得社會大眾的好評，樹立企業的良好形象。其具體工作包括售後服務、消費引導、便民服務、義務諮詢等。服務型公關能夠有效地使人際溝通達到「行動」層面，是一種最實在的公共關係。

交際型公關：以人際交往為主，目的是透過人與人的直接接觸，為企業廣結良緣，建立起社會關係網路，創造良好的發展環境。包括各種招待會、宴會、座談會、茶會、慰問、專訪、接待等。交際型公關特別適用於少數重點客群。其特點是：靈活而富有人情味，可使公關效果直達情感層面，但缺陷是活動範圍小，費用高，不適用於大數量的公共群體。

社會型公關：以各種社會性、贊助性、公益性的活動為主，企業透過對社會困難的行業進行實際支持，為自己的信譽進行投資。包括開業慶典，週年紀念，主辦傳統節日，主辦電視晚會，贊助文體、福利、公益事業，救災扶貧等。一個企業不論經營什麼行業，它都是社會整體中的一員，負擔著不可推卸的社會責任。

徵詢型公關：以採集資訊、調查輿論、收集民意為主，目的是透過掌握訊息和輿論，為企業的管理和決策提供參謀。其具體工作包括進行民意調查、建立熱線電話、收集報刊資料等。

選擇公關策劃：是指企業根據環境的狀況及企業自身的變化，所採取的公共關係行為方式。具體而言，公關策略包括以下幾種：

建設型公關：指企業的初創時期，或某一產品、服務剛剛問世的時候，進行的以提高知名度為主要目標的公關活動。其常用的手法包括開業慶典、剪綵活動、落成儀式、新產品釋出、演示、試用、派送等。

維繫型公關：指社會企業在穩定、順利發展的時期，維繫企業已享有的聲譽，穩定已建立的關係的一種策略。其特點是採取較低姿態，持續不斷地向大眾傳遞訊息，在潛移默化中維持與大眾的良好關係，使企業的良好形象長期儲存在大眾的記憶中。

進攻型公關：指社會企業與環境發生某種衝突、磨擦的時候，為了擺脫被動局面開創新局面，採取的出奇制勝、以攻為守的策略。企業要抓住有利時機和有利條件，迅速調整企業自身的政策和行為，改變對原環境的過分依賴，以便爭取主動，力爭創造一種新的環境，使企業不致受到損害。

防禦型公關：指社會企業公共關係可能出現不協調，或者已經出現了不協調，為了防患於未然，企業提前採取或及時採取的以防為主的措施。

矯正型公關：指社會企業公共關係狀態嚴重失調，企業形象受到嚴重損害時所進行的一系列活動。社會企業要及時進行調查研究，查明原因，採取措施，做好善後工作，平息風波，以求逐步穩定輿論，挽回影響，重塑企業形象。

公關活動企劃書的寫作技巧

公關活動企劃書是公司或企業在短期內提高銷售額，提高市場占有率的有效行為。如果是一份創意凸出，並且具有良好的可執行性和可操作性的公關活動策劃案，無論對於企業的知名度，還是品牌的信譽，都將造成積極的提高作用。

公關活動企劃書是相對於市場企劃書而言的，嚴格地說它是從屬於市場企劃書的，他們是互相連繫，相輔相成的。它們都從屬於企業的整體市場行銷想法和模式，只有在此前提下做出的市場企劃書和活動企劃書才具有整體性和延續性接受，只有遵從整體市場企劃書的思路，才能夠使企業保持穩定的市場銷售額。

公關活動企劃書形式多樣，一般而言，包括產品說明會（發布會）、節日促銷、新聞事件行銷等，而對於上述任何一種方案，針對於不同的企業情況和市場分析，都可以衍變出無數的形式。因此，想要做寫出一份理想的公關活動企劃書，必須注意以下幾點：

主題越單一越好

在策劃活動的時候，首先要根據企業本身的實際問題

（包括企業活動的時間、地點、預期投入的費用等）和市場分析的情況（包括競爭對手當前的廣告行為分析、目標消費族群分析、消費者心理分析、產品特點分析等）做出準確的判斷，揚長避短地提取當前最重要的，也是當前最值得推廣的一個主題，而且也只能是一個主題。在一次活動中，不能做所有的事情，只有把一個最重要的消息傳達給目標消費族群，正所謂「有所為，有所不為」，這樣才能使最想傳達的訊息最充分地到達目標消費族群，才能引起閱聽人群關注，並且較容易地記住你所要表達的訊息。

說明利益點

在確定主題之後，閱聽人消費族群也能夠接受我們所要傳達的消息，但是仍然有很多人雖然記住了廣告，但是卻沒有形成購買衝動，為什麼呢？那是因為他們沒有看到與他們有直接關係的利益點。因此，在活動策劃中很重要的一點是直接地說明利益點，如果是優惠促銷，就應該直接告訴消費者你的優惠額數量；而如果是產品說明，就應該販賣最引人注目的賣點。只有這樣，才能使目標消費者在接觸了直接的利益訊息之後引起購買衝動，從而形成購買。

圍繞主題進行

很多企業在策劃活動時往往認為只有豐富多彩的活動才能夠引起消費者的注意，其實不然。原因是：其一，容易造成主次不分。很多活動搞得很活躍，似乎迴響非常熱烈，但是圍觀或者參加的人當中企業的目標消費族群其實並不多，很多人經常是看完了熱鬧就走，或者是拿了公司發放的禮品就走了。其實這裡的問題就在於活動的內容和主題不相符，所以很難達到預期效果。在目前的市場策劃活動中，有一些活動既熱鬧，同時又能達到良好的效果，就是因為活動都是緊緊圍繞主題進行的。其二，提高活動成本，執行不力。在一次策劃中，如果加入了太多活動，不僅要投入更多的人力、物力和財力，直接導致活動成本的增加，而且還很容易導致操作人員執行不力，最終導致活動的失敗。

注重可執行性

執行是否能成功，最直接和最根本地影響了策劃活動的可操作性。策劃要做到具有良好的執行性，除了需要進行周密的思考外，詳細的活動安排也是必不可少的。活動的時間和方式必須對執行地點和執行人員的情況進行仔細分析，在具體安排上盡量周全。另外，還應該考慮外部環境（如天氣、民俗）的影響。

創意思維的運用

一般來說，策劃者在策劃案的寫作過程中往往會累積自己的一套經驗，養成了自己的一套模式。這樣的模式會限制了策劃者的思維。一方面，沒有一種變化的觀點是不可能把握市場的。因此，企劃書的寫作要用創意的思維方式。另一方面，如果同一個客戶三番五次地看到你的策劃都是一個模子出來的，就很容易在心理上產生一種不信任的態度，而放棄對該企業產品的依賴感。

避免主觀臆測

在進行活動策劃的前期，市場分析和調查是十分必要的，只有透過對整個市場局勢的分析，才能夠更清楚地意識到企業或者產品面對的問題，找到了問題才能夠有針對性地尋找解決之道，主觀臆斷的策劃者是不可能做出成功的策劃的。同樣，在企劃書的寫作過程中，也應該避免主觀想法，也切忌出現主觀類字眼，因為策劃案沒有付諸實施，任何結果都可能出現，策劃者的主觀臆斷將直接導致執行者對事件和形式產生模糊的分析，而且，客戶如果看到企劃書上的主觀字眼，會覺得整個策劃案都沒有經過市場分析，只是主觀臆斷的結果。

案例　富士康跳樓事件後公關活動策劃

市場經濟條件下，各種危機層出不窮，對企業處理危機溝通的能力提出很大的挑戰。自 2010 年 1 月 23 日富士康員工第一跳起至 2010 年 11 月 5 日，富士康已發生 14 起跳樓事件，引起社會各界乃至全球的關注，更展現了企業危機溝通的重要性。

富士康的危機溝通回顧及分析

富士康科技集團創立於 1974 年，是專門從事電腦、通訊、消費電子、數位內容、汽車零件、通路等 6C 產業的高科技企業。憑藉扎根科技、專業製造和前瞻決策，自 1974 年在臺灣肇基，富士康迅速發展壯大，擁有 60 餘萬員工及全球頂尖 IT 客戶群，成為全球最大的電子產業專業製造商。

2010 年 1 月 23 日 4 時許，19 歲的員工馬向前在富士康華南培訓處的宿舍死亡；2010 年 3 月 11 日晚富士康基地內的生活區，一男子從五樓墜亡；2010 年 3 月 17 日 8 時，富士康園區，新進女員工田玉從 3 樓宿舍跳下，跌落在一樓受傷；2010 年 3 月 29 日，廠區，一男性員工從宿舍樓上墜下，當場死亡，23 歲；2010 年 4 月 6 日，宿舍女工饒淑琴墜樓，仍在醫院治療，18 歲；2010 年 4 月 7 日，廠區外宿舍，寧姓女員工墜樓身亡，18 歲；2010 年 4 月 7 日，富士康男員工身亡，22 歲；2010 年 5 月 6 日，廠區男工盧新從陽臺縱身跳下身亡，24 歲；2010 年 5 月 11 日，廠區女工祝晨明從 9 樓出租屋跳樓身亡，24 歲；2010 年 5 月 14 日，廠區北大門附近的宿舍，晚間一名梁姓員工墜樓身亡；2010 年 5 月 21 日，凌晨 5 時許，員工宿舍一名男子墜樓身亡，姓南，20 歲。

面對洶湧而來的危機，富士康一開始採取迴避與沉默姿態。但隨著自殺人數的不斷攀升，董事長郭台銘終於坐不住了。於 5 月 26 日富士康發生第 11 起跳樓事件之後，郭台銘開始處理公關危機，在記者會上向員工、家屬和社會鞠躬致歉，並帶領 200 多人的媒體團隊參觀廠區，對記者的提問有問必答，除此之外，郭台銘還下令企業修建愛心防護網、建立相親相愛小組、建立舉報獎勵制度等，盡可能地阻止跳樓事件的發生。雖然之後富士康又發生兩起跳樓事件，但是實際上郭台銘這次公關危機處理還是有很多方面值得學習：

第一，事發後，公司高層領導者親自面對媒體，並進行一系列的補救和安撫措施，表示了公司的歉意，代表了公司的重視程度，展現出勇於承擔責任勇於改善的態度。主要表現在：積極補償，事發後，積極協調補償措施，安頓家屬；

為員工祈福；公開致歉；開放工廠；心理干預，重視員工的心理異常波動，展開針對員工心理干預的措施，其中包括開設心理諮商熱線，開設發洩室，幫助員工緩解壓力；加固護欄；大幅加薪；補交退休金。

第二，事發後，能主動面對媒體和家屬，並真誠致歉，開放工廠，從而有效安撫了家屬的情緒，並有效化解了媒體的好奇心。主要表現在：安撫家屬；公開致歉；開放工廠；創辦諮商熱線。

第三，在事件的整個過程中，始終有公正第三方的參與，這展現了負責任的態度，也為企業增添了更強的說服力和可信力。具體表現在：公開調查；召開新聞發布會。

但是，在連續出現「十連跳」後，郭台銘才站出來回應外界質疑。顯然，郭台銘的步伐慢了，他也為此付出了慘痛的代價，主要表現在：「十連跳」才首度回應；「十一跳」才首度開放。雖然其後有條不紊地展開了一系列補救措施，主動面對媒體，能積極地配合媒體及政府主管部門，並拿出具體的整治措施，但從整個系統執行來看，依然是失敗的。主要表現在：

第一，危機發生後，富士康做了一系列的補救措施，有人跳樓就築網，有人心理異常就疏導，宿舍難管就交政府管，還是始終停留在就事論事的層面，全方位形象宣傳不

夠，民眾所能看到的只是事件的不斷惡化，接收不到富士康任何其他消息，其實富士康還有好多好的一面，比如他的大客戶群，他每年解決多少就業，他的社會責任心等。

第二，富士康集團媒體辦公室主任認為，「在如何更好地管理新生代員工方面，富士康是有缺陷的。」而郭台銘則認為，「跳樓事件與員工天生的個性和情緒管理相關，工廠管理並無問題。」事到臨頭還在推脫責任。正是郭台銘這一推脫責任的言行，導致危機更新。

關於富士康跳樓事件的公關反思

近年來富士康頻頻遭遇輿論風暴，員工自殺事件也並非今年才有。提升公關能力，改善企業形象已經是富士康的必須選項。在公關方面，可以說，富士康面臨著四大挑戰：

挑戰一，富士康的公關意識、能力與企業實力不相符。富士康與媒體缺乏良性的溝通互動，與媒體打交道多是突發事件後的被動應對。公關危機時的許多處理手法也往往顯得敷衍、生硬，這常常讓富士康在輿論氛圍中由主動變為被動，被動陷入更加被動，沒有展現出與富士康規模、實力相配的企業實力。

挑戰二，富士康在民眾中已經形成了負面的刻板印象。富士康長期以來以負面新聞為主的媒體傳播已經在民眾心中形成了一種自私冷漠，輕視員工和他人的刻板印象。一提到富士康，人們難以產生正面聯想，而企業稍有閃失，極容易招致排山倒海的批評聲浪。

挑戰三，富士康沒有注意利用正面事件改善企業形象。在大地震中分別捐款 3 億和 1 億 5,000 萬，其數字遠遠超過許多高利潤甚至獲取壟斷利潤的企業，這對於利潤率較低的富士康來說已經算是難能可貴。只是這些事例因為富士康應對公共關係能力的缺乏，沒有為企業正面形象的樹立發揮出有效的積極作用。

挑戰四，富士康長期執行「重夥伴，輕夥計」的管理模式，其軍事化的員工管理制度和不合理的加薪制度，限制了員工身心健康的發展，這也是造成員工自殺的潛在根本因素。

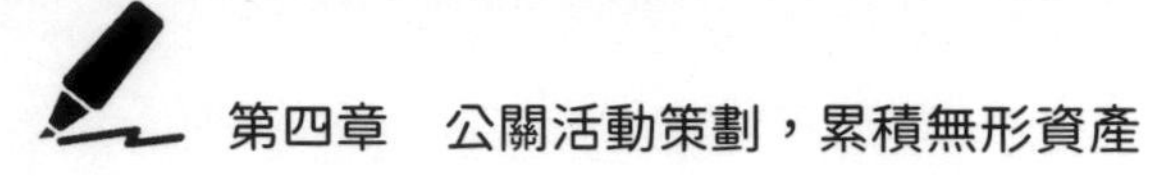

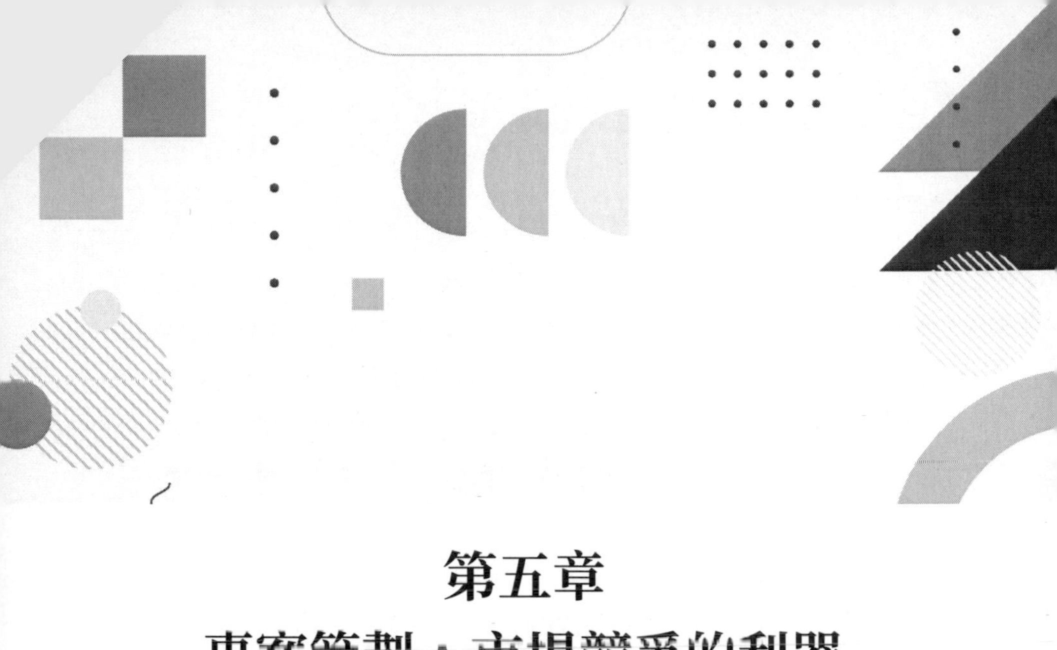

第五章
專案策劃，市場競爭的利器

專案策劃是一種具有建設性、邏輯性的思維過程，在此過程中，最終目的就是把所有可能影響決策的決定總結起來，對未來造成指導和控制做用，藉以達到方案目標。

不懂專案策劃，如何拚市場

策劃是為完成某一任務或為達到預期的目標，根據現實的各種情況與資訊，判斷事物變化的趨勢，圍繞活動的任務或目標這個中心，對所採取的方法、途徑、程序等進行周密而系統的全面構思、設計選擇合理可行的行動方式，從而形成正確的決策和高效的工作。由此可見，策劃是在現實所提供的條件基礎上進行的、具有明確的目的性、按特定程序運作的系統活動。

而專案的實施成功與否說到底是與銷售相關的，無論是專案總監，還是策劃經理，光看業務部的統計彙報、光聽他們分析客戶是絕對不夠的，必須深度融入到銷售工作中去，唯有深入一線才能了解實情、辯偽存真；而身為一名銷售管理者，從銷售主管、助理到商場經理，一名合格的專案策劃者，其實就是半個銷售經理。應該比任何人都更了解客戶的心態，只有這樣才能做出適合產品的專案企劃書。專案企劃書的構思中應該把握以下幾個重點：

賣點和買點

賣點和買點有時是兩碼事。賣點是前期未有成交客戶之前，根據市場研究的結果和自身產品的特性提煉出來的，更多的成分是主觀因素。但買點則應當是純粹客觀因素，是基於對來訪客戶，尤其是成交客戶的精準分析之後，得出的結論。買點和賣點在實戰中往往會有差異，如果說賣點是自說自話，那麼，買點就是投其所好。

你的賣點可能有一大堆，但在不同的時期、面對不同的客戶，他們真正關心的點卻可能只有一兩個。對於策劃而言，賣點可以自己思索，但買點必須得聽銷售的回饋，而且必須去直接聽現場來訪客戶的聲音。策劃找賣點，銷售找買點。還有抗性點，很多時候令客戶最終放棄的，往往只是一個核心因素所在，所以，策劃必須和銷售一起用心，真正地找到令客戶放棄的理由，然後才能想方設法去規避、去弱化、去掩飾那個問題。

定價與行銷

定價策略和行銷節奏其實才是一個專案過程中最見功夫的地方。我們為什麼要在新產品上市前花幾十、幾百萬的廣告費，說白了就是為了不斷提高客戶的心理價位，讓他們對專案的價格預判不斷走高，當客戶的數量和心理價位都處在頂峰值之後，在略低的定價映襯下，新品釋出自然成功。拋開大環境因素不講，定價的關鍵無非是吃透競品（競爭產品）和摸清客戶。在吃透競品這個環節，應由策劃整合整個專案組的全部人力和資源，這樣才能避免資料漏洞，真正吃透競品。

在定價問題上，業務部門和策劃部門必須都做到吃透競品、摸清客戶，必須在綜合分析內外部因素之後才能拿出一致的價格方案，一次成功的定價一定是整個專案部在價格預判上達成真正的一致。

推廣策略

策劃必須銷售化，不懂銷售絕對做不好策劃。身為盯盤或駐場的策劃者，必須與銷售團隊深度融合，陪他們接客戶、一起開早晚會分析客戶情況，甚至可以在他們忙不過來的時候獨自接客講解，唯有這樣你才能真正了解客戶的心態，並以此調整策劃方向。

天天在辦公室裡坐著的人是絕對做不好策劃的，如果你能像銷售人員那樣去正常接待客戶，那你離優秀的策劃者就不遠了。最起碼，在一個專案入場之後，做策劃的人應該為自己訂個量，比如每天陪接 3 至 5 批客戶。

銷售必須策劃化，從策劃的角度看銷售才能做得更好。既然策劃必須深度融入銷售，那銷售更應當積極介入策劃工作，從客戶情況的分析到各項資料的彙總，不僅要給策劃和專案總監拿出最詳實的報告，還要主動替他們指出前期定位和推廣途徑的偏差，指出下一步調整的思路和方向，做到這一步，才是真正合格的銷售管理者。

銷售策劃化、策劃銷售化，這是一個專案成功行銷的要點所在。

超前性與創意性

一項策劃活動的製作完成，必須預測未來行為的影響及其結果，必須對未來的各種發展、變化趨勢進行預測，必須對所策劃的結果進行事前事後評估。專案策劃要具有超前性，必須經過深入的調查研究。「沒有調查，就沒有發言權」，同樣，沒有經過深入的調查研究，專案策劃方案也無從說起。要使專案策劃科學、準確，必須深入調查，獲取大量真實全面的資料數據，再對這些資料進行去蕪存菁，去偽存真，由表及裡，分析其內在的本質。超前性是專案策劃的重要特性，在實踐中運用得當，可以有力地引導將來的工作程序，達到策劃的初衷。

專案策劃一定要具有創意性，沒有創意性的策劃不能被認為是好策劃。但策劃追求創意性，是以一定的條件為前提的，不能脫離現有的基礎，提出毫無根據的憑空想像。專案策劃一定要立足現實，面向未來，訴諸對象。既具有超前性，又具有創意的策劃，一定會把實體的訴求目的表達得淋漓盡致，實現策劃的目的，實現策劃活動的經濟最大值，成為企業拚市場的重要基礎。

專案定位：成功實施的基礎

專案策劃是專案的孕育階段，對專案的整個生命週期，甚至對整個公司都有決定性的影響，所以在專案策劃過程中一定要把握好專案定位的問題：

地位定位

企業可以根據自身在行業中的地位來對自己的品牌進行定位。如果企業的生產實力、品牌影響力都已在行業中具有極大優勢，有可能成為行業領導品牌，便可採取霸占策略，占據行業第一品牌的地位。例如，有一家手機企業，是全世界設計最完美的，那麼它便可以把「全球最完美的手機」作為自己的定位。雖然最完美不一定是最好的，但對消費者來說，他們可能就是這樣認為的。

利益定位

企業也可以根據它的產品所能為消費者帶來的利益，來為品牌做定位。比如你是生產汽車的，你的產品在安全系統上做得很到位，出類拔萃，有幾大功能來保障汽車駕駛過程中的安全性和穩定性，那你就可以將「安全第一」作為你的定位，對消費者承諾你的產品會帶給他們最大的安全。最安全的汽車，對大部分消費者來說，肯定要比跑得最快的汽車更受歡迎。

功能定位

以手機為例，如果企業生產的手機在照相功能上無法與對手相提並論，而且企業在整個行業中也不是實力最強的。那怎麼辦？這時企業可以採取搶位策略（消費者的首選強勢品牌有潛在弱點，新品牌就可以由此突破，重新定義該首選品牌為不當的選擇，自己取而代之），比如我們可以定義自己企業的手機為上網速度最快的手機，或者最時尚的手機等。每家企業都擁有自己的優勢，關鍵看你能不能把它發掘出來。

對象定位

品牌定位還可以根據消費者對象來進行劃分。比如專門為女性打造的手機，或者專門為網遊發燒友設計的電腦。因為這些產品專門為特定的人群而生產，自然更加能夠滿足他們的需求，所以可以將產品定位為「女性手機第一品牌」或「發燒遊戲電腦專家」等。基於消費者的品牌定位，更容易被消費者所認同。

競爭定位

如果你的企業實力很強，然而同行業中還有一家企業實力更強，而且已經是公認的老大，地位不可撼動。這時怎麼辦？不是開闢細分市場進行搶位，而是要向這個老大靠攏(與消費者首選的強勢品牌相關聯，使消費者在首選強勢品牌的同時，緊接著聯想到自己，作為補充選擇)。當不了第一，當第二總可以。要知道市場是很大的，無論多麼強大的企業也不可能壟斷所有市場，老二仍有很大的空間可以施展。身為老二，你可以和老大去競爭，但最好不要是正面攻擊，而是換一個角度。比如你可以說，你不是老大，但你更努力。

類別定位

如果你的企業並不是很大，而市場已經被那些大企業、大品牌們瓜分得所剩無幾，這時你再擠進去和他們競爭是很不明智的。一則你很難從中得到什麼收穫，二則你有很大的可能會變成市場大戰的砲灰。所以，這種情況下，你最好是創造一種新的產品類別，專門開闢一個屬於你的細分市場，做這個細分市場的老大，甚至是唯一的品牌。

價格定位

如果企業在市場中實在沒有任何優勢，產品不是最好，技術也沒有任何特點，簡而言之就是非常平庸。那怎麼辦？這時還有一個辦法，以價取勝。低價在任何時候都是極具吸引力的，所以如果你將自己定位為行業價格最低，也是可以贏得一大批消費者，取得成功的。價格策略也可以反著來，不做最便宜，而是做最貴的品牌。這可能無法讓你在銷量上取得優勢，但至少可以提升你的品牌形象，因為對消費者來說，最貴的往往就是最好的。樹立了品牌形象之後，就有很大的發揮餘地了。

新產品上市的推廣與策劃

所謂「以正合，以奇勝」。在這個產品推陳出新速度加快的時代裡，企業如何確保自己的新品上市「好彩頭」，除了講求按部就班做調查研究、定位、定價、廣告、通路、推廣等工作的同時，在整體戰術規劃上也要講求一些策略。以下五大「奇」策略是近幾年商家常用的，他們不僅在產品上市之初創造了奇蹟，更在上市後的幾年裡雄踞行業前列。

巧用機會，借船出海

2004 年雅典奧運。作為雅典奧運火炬傳遞主贊助商的可口可樂公司，提前數月已經啟動了「雅典 2004 奧運火炬傳遞 —— 火炬手／護跑手選拔」活動，在 20 多個城市裡選拔火炬接力選手和護跑選手。很多普通的消費者得以透過可口可樂和奧運零距離貼近。

8 月 4 日下午，可口可樂舉辦了一場大型發布會。即將出征奧運會的三位體育明星，成為雅典奧運會期間可口可樂新的形象代言人。以他們為主角拍攝的可口可樂新的廣告片在奧運會期間反覆播放，同時，分別以這三位體育明星形象設計的

「要爽由自己」可口可樂奧運包裝，也開始在市場限量銷售。

藉著奧運的熱度，可口可樂還推出了不同種類的紀念罐。巧借奧運出海的可口可樂由此改變了與對手相持的局面，超然勝出。

借雞下蛋，喧賓奪主

在 1970 年代，佛雷化妝品幾乎統治著整個美國化妝品市場。一家只有 5,000 美元資金 4 個股東兼工人的小公司 —— 詹森，用一則「兄弟姐妹們！當你用佛雷公司的化妝品之後，再擦上一點詹森的粉質膏，將會收到意想不到的效果」的廣告將自己的化妝品與佛雷公司的暢銷化妝品捆綁在一起，藉著名牌產品替自己的新產品做「擔保人」。

慶幸的是，佛雷公司看到廣告之後，沒有採取任何「嚴正宣告」來反擊，反而非常得意地完全陶醉在被人追捧的快樂之中。消費者在佛雷品牌的號召力下，自然也非常樂意地順便接受了詹森的產品。就這樣，詹森粉質化妝膏的市場占有率迅速擴大。在此基礎上，詹森採取第二步行動，接連推出能改善頭髮缺乏亮度的「黑髮潤絲精」和「捲髮噴霧劑」，以及能改善皮膚乾燥同時具有美容和防晒護膚兩大功能的系列產品。幾年後，詹森的化妝品把佛雷公司的部分產品擠出了化妝檯。

一齣精彩的「借雞下蛋」到最後的「喧賓奪主」，詹森以極富策略性的眼光，依靠強者的名聲，先在市場上闖出一塊立足之地，然後積蓄能量殺敵於無形，這樣循序漸進的過程，避免了一開始遭遇強敵的剿殺，為自己站穩腳跟贏得寶貴的時間。

懸念迭起，出奇制勝

「製造懸念」是一種有心理學依據的巧妙的宣傳和推銷手法，是打動顧客的技巧之一，好奇之心，人皆有之。「製造懸念」就是利用人們的這種好奇心，引起他們的注意和興趣，促使他們尋根究底，從而達到推銷的目的。

1931 年，著名京劇演員受戲院老闆之聘，到南方演出。雖然演員當時在北方一帶聞名遐邇，家喻戶曉，但是聽慣滬劇和紹興戲的南方人，對京劇演員是有些陌生的。老闆就利用人們的好奇心「製造懸念」，不惜重金將城裡一家最有影響力的報紙頭版買下，用整個版面，一連 3 天，刊登演員的名字。一時間，他的名字成了當地人街談巷議的話題。人們紛紛打電話去報社詢問，得到的答覆是「無可奉告」，這就越發引起人們的懷疑。到了第 4 天，報紙頭版依然刊登著京劇演員的名字，但在下面加了一行小字：「京劇名旦，在 XX 大戲院演出《綵樓配》、《玉堂春》、《武典坡》。XX 日在 XX 處售票；歡迎光臨。」經過 3 天，人們的驚奇困惑消失了，一轉為先睹而後快的心理欲求，第 1 天的戲票被搶購一空。由於他卓越的表演藝術，百姓為之傾倒。結果，京劇演員第一次來南方演出獲得極大的成功，演出場場爆滿，戲院也收到很好的經濟效益。

高級產品，低價入市

在新品入市定價策略上，以低價入市真可謂是一種好策略，當然，在消費者日趨理性、熟知「便宜沒好貨」的今天，為低價尋找一個好理由同樣重要。

冷氣在 1999 年尚屬於奢侈品，買變頻的消費者更是鳳毛麟角，不足整個冷氣市場的 5%，消費族群小成為企業發展的主要瓶頸。

當年 2 月底，企業宣布其兩款「工薪變頻」冷氣以 18,400 元和 19,400 元入市。一石激起千層浪，使企業迅速上升為 3 月零售榜的第 2 名，並由此奠定了領頭地位。

巧用代言，事半功倍

喬丹 (Michael Jordan) 和 NIKE 的合作，一直被看成是品牌形象代言人成就品牌的成功典範。1984 年，NIKE 與籃球巨星「飛人」喬丹簽訂了一份長達 5 年的合約，總價值合計高達每年 100 萬美元，這個價目是愛迪達或匡威開出的價錢的 5 倍，喬丹因而成為一個市場策略和整個運動鞋、運動服生產線的核心。身為 NIKE 籃球鞋的品牌形象代言人，喬丹為 NIKE 籃球鞋的成功做出了不可估量的貢獻。從某種程度上來講，沒有喬丹就沒有 NIKE 的快速成長。不計其數的籃球迷們之所以購買 NIKE 籃球鞋，就是因為這是他們心儀的偶像喬丹向他們推薦的品牌。

新產品選擇形象代言人一定要注重是否適合產品的定位與風格，由於其不同的產品在設計、定位等方面都會有很大的差別，因此產品形象代言人的選擇也需要考慮產品本身的風格。

如果產品與代言人的風格存在較大偏差，很容易導致代言人在代言過程中出現喧賓奪主的情況，許多人只知道代言人的名字，卻對產品一無所知，而這樣一來，代言的策略自然也就沒有產生應有的作用。

專案策劃的 12 種基本方法

專案策劃起源於近代商業制度出現之後，其形成和廣泛應用是在當代，發展至今已越來越專業化。策劃的要素包括策劃過程、策劃力和策劃經費，策劃的載體是策劃方案。專案策劃的內容非常廣泛，大到城市專案策劃空間的布局調整、現代化商業街區的建設，小到一個店鋪的促銷活動。成功的專案策劃不僅可以贏得顧客的認可，更為商家帶來可觀的效益。下面是一些專案策劃的基本方法與策劃者的思維特徵：

腦力激盪法

這是策劃經常採用的激發靈感、激盪頭腦而後集思廣益的一種方法。具體做法是：在某一時間將相關專家集中到一起，事先釐清相關議題，如某個商業方面的專門問題（商業店鋪選址，商業形態和經營方式的選擇，市場競爭情況，消費心理、消費時尚變化帶來的新商機等）進行研討。

德爾菲法（Delphi method）

德爾菲法是在 1960 年代由美國蘭德公司首創和使用的一種特殊的策劃方法。是指採用函詢的方式或電話、網路的

方式，反覆諮商專家們的建議，然後由策劃者做出統計，如果結果不趨向一致，那麼就再徵詢專家，直到得出較為統一的方案。這種策劃方法的優點是；專家們互不見面，不會產生權威壓力，因此，可以自由地充分地發表自己的意見，從而得出比較客觀的策劃案。

創意法

創意法，是指策劃者收集相關產品、市場、消費族群的資訊，進而對資料進行綜合分析與思考，然後開啟想像的大門，形成意境，但不會很快想出策劃案，它會在策劃者不經意時突然從頭腦中跳躍出來。

灰色系統法

系統可以根據其資訊的清晰程度，分為白色、黑色和灰色系統。白色系統是指資訊完全清晰可見的系統；黑色系統是指資訊全部未知的系統；灰色系統是介於白色和黑色系統之間的系統，即有一部分資訊已知而另一部分資訊未知的系統。資訊大量存在的是灰色系統。

直覺反應法

即在委託人向策劃者講了準備進行的經營、促銷活動內容之後，策劃者憑「直覺反應」判斷此事的可行性，並告訴委託人這件事可行或不可行。

換位思考法

指策劃者在做策劃方案的時候，不僅要從商家的角度考慮問題，而且更重要的是從閱聽人的角度考慮問題。這樣，所形成的策劃方案才能最終得到顧客的認同。

逆向思考法

這是策劃者思考問題和完成策劃方案的一種獨有的方法。沿著人們通常思維習慣的反方向展開思路並最後形成方案。這種逆向思考如能成立，所形成的方案往往不僅充滿靈氣與智慧的火花，甚至能產生經營方式、模式的劃時代巨變。

組合索引法

即策劃過程中定期或不定期地將得到的一時、一事的單個資訊加以濃縮、組合。不要小看這種組合，孤立的資訊也許就是資訊，沒有太大的價值，而把相關的資訊組合到一起，有時就會出現意想不到的奇妙變化。

潛意識思考法

又稱捕捉靈感法。即策劃者在接受委託專案時，已經進入研究和冥思苦想狀態，而又苦於在某些關鍵點上沒有突破，拿不出「出彩」的方案時，就索性放一放，使精神徹底放鬆下來，不要強迫自己想這些策劃問題以及多少天內完成方案寫作等，而是甩開課題、做一些與策劃無關的事，讓自己的潛意識來思考與策劃相關的事。

策劃觀察法

觀察是策劃者了解外界事物、獲得直接感受或經驗的基本方法。

徵詢意見法

徵詢意見是為了獲得改進產品或經營的直接依據。策劃者在接受委託專案、著手研究之前，運用徵求意見的方法獲得更多的訊息，並藉此開啟或拓寬策劃的思路。

智慧放大法

智慧放大法是指對事物有全面而科學的認識。然後在這種認識的基礎上對事物的發展做誇張的設想，運用這種設想對具體專案進行策劃。這種策劃方法容易引起公眾的議論，形成公眾輿論的焦點，進而很快拓展其知名度，形成炒作的原料。「沒有想不到的，只有做不到的」是這種策劃方法的原則。

案例一　Facebook 網站的創業傳奇

一談起 Facebook，幾乎所有人都要為之嘆服。直到 2007 年 7 月，Facebook 在所有以服務於大學生為主要業務的網站中，擁有最多的使用者——高達 3,400 萬活躍使用者（包括在非大學網路中的使用者）。從 2006 年 9 月到 2007 年 9 月間，該網站在全美網站中的排名由第 60 名上升至第 7 名。同時 Facebook 是美國排名第一的照片分享站點，平均每天上傳 850 萬張照片。這甚至超過其他專門的照片分享站點，如 Flickr 等。對於這個成立僅 6 年，目前市值高達 700 億美元的網路公司，Facebook 在當今可算是一個傳奇。分享一下 Facebook 的核心能力和持續競爭力也許會對我們有一些啟發：

向已存在的實體社群提供輔助的網路線上服務

Facebook 網站最初的成功是透過向大學生提供實體社群不能獲取的資訊服務。這是一種互動式的學生指南，包括每個學生的課程計畫和社交網路。在 Facebook 新增今天所具備的功能特點之前，它只是簡單地提供一種更全面的學生指南。Facebook 網站並沒有建立一個以前完全不存在的新社群，相反，他們是為已存在的實體社群提供一種更重要的訊息和交流服務。大學生在校園裡和大多數同學都保持一種很寬鬆的夥伴關係，他們之前並沒有一個很好的途徑來更多地了解自己所在的社交圈子以外的學生。現今大部分大學的班級學生數量都很大，學生沒有機會在課上和很多同學交流。Facebook 網站首先按照課程表來劃分學生，讓使用者能夠更多地了解可能遇上的同學。

限制使用者註冊來建立理想的線上服務

Facebook 做了很重要的產品決策，確保實體社群和線上服務之間的協調和信任。Facebook 網站最初僅限於能夠驗證所在大學的 .edu 郵件地址的使用者登入使用。Facebook 也限制了使用者能夠查詢或瀏覽的範圍僅限於使用者所在的大學。這些措施的目的是讓使用者感到網站是排外的，僅限於他們實際所在的社群（學院或大學）內部的人員。在早期的 Facebook 網站上，30%的使用者在自己的數據上準確地公布了手機號碼，這些資料顯示，使用者彼此信任瀏覽自己數據的學生。Facebook 網站最近已經對 .edu 教育網外面的使用者開啟了大門，他們建立了一系列「網區」來完成這種方案。早期的 Facebook 上面的各個大學，已擴展到了各個高中，公司雇員和不同的地理區域。當使用者加入到這些網區時，僅能夠看到特指的網路中的成員。此外，Facebook

已經實行了一系列隱私控制，允許使用者準確地控制誰能夠檢視他們所提供的訊息。

集合一系列被滲透的微社群

Facebook 比其他的社群網站更能吸引廣告機會，因為能夠深入地滲透到一系列微社群（各大學校園）內。如果一個地方的廣告商想定位一個特殊的大學校園，Facebook 網站是將廣告訊息傳遞給觀眾的最佳途徑。本地廣告行為的 CPM 千人成本因為所具有的定位本質而受到廣告商的高度重視。每日 65%和每週 85%的使用者登入率確保了廣告商能夠非常有效地操作時間導向的廣告活動。大的品牌廣告商能夠透過一次廣告活動宣傳到幾乎每一位 18-22 歲的美國學生。Facebook 網站有大量的機會來使自己的盈利管道多樣化，深入滲透到這些微社群的特點使它不僅僅局限於傳統的廣告條幅模式。它吸引了 90%的學生加入，一所大學可以為自己增添線上分類、事件列表、電子商務和選舉領導等便利功能。Facebook 非常好地被定位成一個主要的線上分類方式，基於龐大的使用者群而提供給使用者更實用的使用方式。

建立強大的品牌效應

想透過線上廣告業務定位來建立品牌的廣告商（廣告商是為了建立品牌，而不僅僅是點選數），關鍵是擁有強大的品牌，使眾多廣告商願意與之合作。一個被認可的著名品牌能夠獲取更好的廣告 CPM（千人成本）。擁有同樣使用者統計數據和使用者使用模式的兩個網站可能具有很大差異的 CPM 率，僅僅是因為品牌認知度和形象的因素。Facebook 完成了非常出色的公關工作，強調 Facebook 對大學生的生活和線上消費產生的影響力。你聽說過多少網站能夠保證 90%的使用者每週登入一次網站嗎？很顯然，公關帶來了巨大的收益成長，但公關資本化是幫助建立品牌的關鍵成功因素。

以電子郵件為主的上市策略

在推廣 Facebook 之前，Mark Zuckerberg 試驗了很多不同的網路產品。事實上，他定位在哈佛大學學生使用者群的第一個試驗產品叫做 Facemash，受到了學生的批評，促使 Mark 果斷地放棄了該服務。

向外公開頁面原始碼

透過強大的搜尋與訂閱功能，網友們已經沒有必要為了取得有用的資訊反覆輾轉於各種類型的 BBS、部落格或者入口網站。使用者越來越討厭無處不在的顯示廣告，對沒有經過任何過濾的海量資訊越來越感覺遲鈍和麻木。Facebook 網站充分把握住這一趨勢，率先公開自己的頁面原始碼，讓各種類型的網路內容提供商開發出嵌入 Facebook 使用者頁面的內容提供工具（Apps）供使用者自行選擇，這其中，有娛樂的、工作的、閱讀的，幾乎無所不包。到目前為止，基於 Facebook 平臺的 Apps 已經數以萬計。未來 Facebook 的使用者將在自己的主頁裡滿足交友、娛樂、工作的全套訊息與體驗需求，這很類似於傳統零售行業的變革 —— 從更早的專業商店向一站式購物的百貨商場過渡。Facebook 網站正在成為新平臺的主宰者，以及新產業鏈的主導者。這是微軟在 PC 時代曾經扮演過的角色，將硬體、軟體和 IT 服務串聯為一個相互依存的整體。

案例二　蘋果新產品背後的策劃奇蹟

一個蘋果產品究竟能賣多貴？是什麼造就了如此昂貴的蘋果？全世界為之瘋狂！蘋果公司成功的祕密在哪裡？這是每個人都想弄明白的問題。

蘋果公司稱霸世界科技企業的原因，絕不僅僅在於它為評論者所稱道的時尚設計，和表面上的明星產品創新，更關鍵的是蘋果創造了一個屬於新時代的卓越商業模式。正是商業模式的改變讓蘋果改變了過去傳統電腦廠商的暮氣，成為行動網路時代的領航者。

最唯美、最實用的外觀

蘋果的產品誘人，首先是其追求的極致美學主義：一顆完美的蘋果首先外形應該相當出眾，否則白雪公主是不會吃的。

蘋果產品的設計師工作目的只有一個 —— 設計出完美的產品，成本或者市場似乎都不是他們所考慮的問題。為此，花再長的時間也值得，絕對不能容忍任何的瑕疵。

蘋果公司的幾款明星產品給人的第一印象無一例外是其驚豔的完美設計，充分展現了賈伯斯（Steve Jobs）現代極簡主義的設計理念，在產品亮相的第一時間就抓住了消費者的心，尤其是引領潮流的名人圈、時尚界、演藝界人士，更是蘋果產品的首批購買者。試想，當你看見這些先鋒人士或者身邊的時尚人士使用蘋果產品，能不對蘋果之美有深刻的感觸嗎？

不用太超前，找到最適用的技術

蘋果另外一個與眾不同的理念是，最先進的技術並不一定能滿足消費者的需求，最合適的技術才能贏得市場：消費者未必需要功能最多最強的產品，而是一個操作簡單、外形簡潔和時尚的產品。因此，蘋果在產品功能創新方面，一直堅持不求最好，只求最合適，以最簡單的互動方式解決使用者的問題。賈伯斯曾驕傲地說：「在蘋果公司，我們遇到任何事情都會問它對使用者來講是不是很方便？它對使用者來講是不是很棒？每個人都在大談特談『使用者至上』，但其實他們都沒有像我們這樣真正做到這一點。」

蘋果產品的很多引數並不好看。譬如，iPhone 的顯示解析度僅有 480X320，這和他牌的 480X720 相差一倍，即便是和 Nokia 低階觸控螢幕如 5230、5530 的 360X640 相比也遜色不少。但蘋果的設計者認為，在 40 公分處觀看螢幕，蘋果的解析度剛好夠用。

蘋果公司還認為，設計過程最難的環節，特別是對於消費電子產品來說，就是獨具特色。而功能簡化本身就是一種產品差異化的途徑。正是因為省略了某些東西，偉大的產品反而變得更美。

出手，要找到最恰當的時機

抓住爆點。市場把賈伯斯當成神的一個很大的原因就是，蘋果產品雖然不是市場上出現最早的，但卻是成績最好的，蘋果推出產品的時間往往是恰好引爆這個市場的最好時機，不早也不晚。

2001 年在 iPod 之前早已存在音樂播放器，但都不溫不火，蘋果的 iPod 一出，馬上爆紅。蘋果在 2007 年推出的 iPhone，雖然不是第一部智慧型手機，但同樣時機精準。尤其是 2010 年推出 iPad，讓曾經押寶平板電腦的比爾蓋茲(Bill Gates)深感自己出手過早。

利用市場的臨界點，必須要讓自己的產品從效能、價格到成本都適合走向大眾。2001 年 10 月，iPod 的價格還高達 399 美元。2002 年 6 月，20GB 容量的 iPod 推出，定價為 499 美元。以前的舊款 iPod 價格分別往下調整為 10GB 的 399 美元，5GB 的 299 美元。蘋果透過降價手法吸引了大量蘋果「準消費者」。

2004 年 1 月，iPod mini 推出。容量 4GB 售價 249

美元，首次低於 299 美元大關，iPod 向大眾市場進軍。2005 年 1 月，99 美元的 iPod shuffle 誕生，從而真正開啟了大眾市場。

不用太高深，只領先一步就好

偉大的公司總是走在消費者前面，引領未來的消費方向，只有平庸的公司才會緊跟顧客。過去，蘋果公司似乎品味太高，領先消費者太遠。而現在，蘋果的創新宗旨是，趕在消費者之前，但只一步就好。

賈伯斯最喜歡引用福特的一句話：「當你問顧客需要什麼，他們總是說需要一匹更快的馬。」以此來說明「人們預想不到他們真正需要的東西，廣大民眾需要一個偉大的引路人」。

因此，蘋果公司的產品一直被消費者認為是下一代產品，既不是傳統的「技術導向」，也不是平庸的「市場導向」，而是市場感知力與技術判斷力的綜合，以今天的技術設計消費者明天最想要的東西。

蘋果總是做顛覆性的創新，對於消費者來說，蘋果的產品不僅是好，而且是出乎意料。蘋果透過 iPod 顛覆了 MP3 產業，用 iPhone 變革了手機概念，又用 MacBook Air 重新定義了輕薄筆電。每一次新產品的推出，蘋果都能令人驚豔。

中西合璧，整合創新

雖然蘋果公司的產品現在90%都是自己設計的，但聯合創新已經成為蘋果的新風格。iPod的靈感據說是在走訪合作夥伴時獲得。iPod的最初創意來自獨立承包商東尼·費德爾（Tony Fadell）。當時，隨身攜帶的便攜音樂播放裝置已經存在，但大多只能容納幾十首歌。蘋果迅速掌握住這一需求，從Portal Player公司購入核心，與東芝公司簽訂了一項購買能容納數千首歌曲的微型1.8英寸磁碟驅動器的獨家協定，使蘋果公司在高容量音樂播放器領域獲得了18個月的先發優勢。

iTunes的最初技術也源自於蘋果公司之外。賈伯斯很早就注意到了消費者有對「自動點播」軟體的需求，而在Windows個人電腦中這已經被解決了。當時，只有少數幾家Mac機開發商在研究這種軟體。其中一家是當年28歲的軟體工程師傑夫·羅賓建立的Sound Step公司。賈伯斯把這個工作交給了羅賓。短短四個月，第一版iTunes就誕生了。iTrnies是一個功能強勁的獨創性資料庫，它可以對上萬首歌曲進行分類，並在一瞬間找到特定曲目。

蘋果的研發團隊並不像其他公司的那樣只是一個聚集創造力的設計圈子。他們與工程師、市場行銷人員甚至遠在亞洲的外圍製造商都有密切的接觸。他們不只是單純的造型設計師，還是使用新材料和革新生產流程的領導者。設計小組能想出辦法，既在 iPod 白色或黑色的核心上覆蓋一層透明的塑膠以增加材質的縱深感，又能實現在很短時間內將每個零件組裝起來。

打破傳統，整合經營

早在 1990 年代，當美國人企業普遍嚴重虧損，市場競爭趨向白熱化之際，賈伯斯就提出了「整合經營」的新概念。他一再強調建立「蘋果生態聯盟系統」，提出要像「生態鏈」那樣整合企業產銷群體，充分發揮銷售商、供應商等合作者的積極性。這個觀點為日後蘋果新商業模式的成功奠定了堅實基礎。

「整合經營」的新經營思維，打破了傳統分工理論界線，使企業從單兵突擊和專業分工轉向了整合創新和經營。企業市場經營成為一個整合多方競爭優勢，聯合多方力量，建立包括消費者、供應商和製造商在內的「生態系統」。

透過 iPod ＋ iTunes 的商業模式，蘋果控制了 70%以上的 MP3 播放器市場，以及 80%以上的網路影音銷售市場，擁有僅次於 Myspace 的世界第二大音樂庫。NBC 環球第一季度透過 iTunes 和其他服務的節目銷售在其銷售額中的比例超過了 15%，金額超過 2 億美元。

蘋果透過降低門檻費用、提供迅速的軟體檢測服務等手法來吸引開發者。要成為蘋果 App Store 的開發者，只需交 99 美元，就可以無限量上傳應用並自行定價，還可獲得銷售收入的 70%。相對而言，微軟的開發者繳納 99 美元後每年只能上傳 5 個應用程式，RIM 開發者則需要交 200 美元。蘋果 App Store 現有約 13,700 名開發者，每天平均可以提供近 300 個新應用。目前，App Store 的下載次數已經達到 65 億次，蘋果占據 99.4%的市場占有率。

強強聯手，聯合行銷

蘋果站在科技和藝術的交叉點，又是美國流行文化的代表符號，因此蘋果產品和很多企業在目標消費者上有交叉，對於相同目標的追求成為雙方聯合行銷的基礎。在傳統業務的基礎上，借鑑聯合品牌的資源，既實現了資源整合和優勢互補，開發新的收入來源，同時也能夠滿足消費者潛在的多元需求。

蘋果與大量外圍廠商進行結盟，為蘋果開發外圍的品牌幾乎都是比蘋果知名度更高的企業，例如，時尚業的路易威登（Louis Vuitton）、Prada、Gucci；汽車業的法拉利（Ferrari）、BMW 等 400 多家公司，無形中就提升了蘋果的品牌形象，吸引了更多顧客。

潛移默化，實施品牌魔法

在多年品牌宣傳和產品創新的潛移默化之下，蘋果昇華成為一種「宗教」，一種在科技時代和消費時代擁有巨大力量的「宗教」。蘋果用各種微妙的方式培養它的忠實「信徒」，擴大「教眾」群體，甚至已經開始培養兒童一代。

最為重要的是，蘋果對符號學的投入。蘋果將最有效的行銷手法都融入了它的產品：iPod的白色耳機、蘋果桌上型電腦的啟動聲音、蘋果筆電的獨一無二的後蓋形狀，這一切都不是偶然。蘋果了解感官暗示的持久威力，想方設法把讓人過目難忘的創意融入所有產品，幫它們打上蘋果的烙印。蘋果將品牌做成「宗教」，讓消費者自動加入，這正是蘋果的成功之道。

第六章
廣告策劃，
廣告競爭中勝出的大勢所在

所謂廣告策劃，就是根據廣告主的行銷計畫和廣告目標，在市場調查的基礎上，制定出一個與市場情況、產品狀態、消費者群體相適應的經濟有效的廣告計畫方案，並實施之、檢驗之，從而為產品的整體經營提供良好服務。

廣告策劃和創意的基礎：市場調查

一個較完整的廣告策劃主要包括五方面的內容：市場調查的結果、廣告的定位、創意製作、廣告媒介安排和效果測定安排。透過廣告策劃工作，使廣告準確、獨特、及時、有效地傳播，以刺激需要、誘導消費、促進銷售、開拓市場。其中，市場調查是廣告策劃和創意的基礎。一般來說，市場調查的內容極為複雜，範圍極為寬廣。從不同的角度出發，就會對市場調查的內容和範圍產生不同的理解。但是，如果我們只從廣告運作的規律考慮的話，市場調查的內容和範圍還是基本確定的。主要有：市場環境調查、廣告主企業經營情況調查、廣告產品情況調查、市場競爭性調查、消費者調查等幾項內容。

市場環境調查

以一定的地區為對象，有計畫地收集相關人口、政治經濟、社會文化和風土人情等情況，這就是市場環境調查。在現代市場經濟中，市場行銷受著市場環境的影響。因此，對市場環境的分析研究，就成為廣告策劃和創意的重要課題。

市場環境調查的主要內容有：

人口統計：包括目標市場的人口總數、性別、年齡層、文化構成、職業分布、收入情況以及家庭人口、戶數與婚姻狀況等。透過對這些數據的統計分析，為確定訴求對象、訴求重點提供依據。

社會文化與風土人情：包括民族、文化特點、風俗習慣、民間禁忌、生活方式、流行時尚、民間節日、宗教信仰等內容。對這些進行分析，可以為確定廣告的表現方式和廣告日程提供事實依據。

政治經濟：包括國家的法律法規、方針、政策、重大政治活動、政府機構情況、社會發展水準、工農業發展現狀、商業布局等內容。這是制定產品策略、市場行銷策略和進行廣告決策的依據。

廣告企業經營情況調查

包括對廣告的歷史現狀、規模及行業特點、行業競爭能力等情況的調查。其目的是為廣告策劃和創意提供依據，從而有效地實施廣告策略，強化廣告訴求。主要內容有：

企業歷史：主要了解廣告企業是新企業或是老企業，在歷史上有過什麼成績，其社會地位和社會聲譽如何等。

企業設施和技術水準：主要了解生產裝置和操作技術是否先進，發展水準如何。

企業人員素養：主要包括人員的知識構成、技術構成、年齡構成、人員規模、科技成果、業務水準、工作態度、工作作風等情況。

經營狀況和管理水準：包括企業經營的成績如何、企業組織結構和工作制度是否健全、工作秩序是否良好、企業的市場分布區域、流通管道是否暢通，以及公關業務展開情況等。

經營管理方法：包括企業經營的生產目標、銷售目標、廣告目標，以及實現上述目標採取什麼樣的經營舉措、經營方式等。

產品情況調查

這是市場調查的一個重要內容，以其某類產品為調查主題，從產品的諸方面性質入手，就可以確定此類產品是否符合市場需求，提出指導性意見，為企業的行銷策略和廣告策劃提供參考。主要內容有：

產品生產：包括廣告產品的生產歷史、生產過程、生產裝置、製作技術和原材料使用，以便掌握產品生產流程和品質。

產品效能：主要考察產品的功能，與同類產品比較的凸出長處，此外還包括產品的外形特色規格、花樣、款式和質感以及裝潢設計等。

產品類別：廣告產品是屬於生產資料還是消費品，又是其中的哪一類。生產資料主要類型有：原料、裝置工具、動力。消費品的主要類別有：日常用品、選購品和特購品。只有分清類別，廣告設計和廣告決策才有針對性，廣告媒體選擇才能準確適當。

產品生產週期：指產品在市場上的銷售歷史。產品的生產週期分為五個階段，即引入期、成長期、成熟期、飽和期和衰退期。產品處於不同的生命週期，其生產水準不同，消費者需求特點不同，市場環境情況也不同，因而所要採取的廣告策略就應不同。

產品服務：在現代市場經濟中產品服務是影響銷售的重要內容，尤其是耐用消費品和重要生產裝置。

產品服務包括：銷售服務與售後服務。

銷售服務包括：代辦運輸、送貨上門、代為安裝、培訓操作人員等。

售後服務包括：維修、定期保養。

在這些方面的宣傳也是增強消費者對廣告產品信任感的重要方面。

市場競爭調查

市場經濟的原則之一便是公平競爭，現代商品的市場競爭愈演愈烈，所謂「商場如戰場」，在市場競爭性調查中，應重點查明市場競爭的結構和變化趨勢，主要競爭對手的情況以及企業產品競爭成功的可能性，在廣告創意的競爭性調查中還要了解廣告市場競爭的狀況，各種廣告手法與效果分析以及提出新廣告策劃的可能思路，透過這種調查性分析尋找到最有希望的產品銷售突破口，尋找到最佳的廣告創意。主要內容有：

產品的市場容量：包括生產經營同類產品的競爭者專案、規模、市場占有率及變化特點。競爭對手的銷售服務和售後服務方式、消費者的評價。

競爭對手的生產經營管理水準：包括銷售的組織狀況、規模和力量、銷售管道選擇方式。

各競爭者所採用的廣告類型與廣告支出等。

消費調查

市場調查針對的消費者，包括工商企業的使用者和社會個體消費者，透過對消費者購買引來的調查，來研究消費者的物質需求，購買方式，購買決策，為確定廣告目標的廣告策略提供依據。主要內容有：

消費者的基本情況：消費者的風俗習慣、生活方式、不同類型的消費者的性別、年齡職業、收入水準購買能力以及對產品商標和廣告的態度與認知。產品的使用對象屬於哪一個階層，消費者對產品的品情、品質、供應數量、供應時間、價格、包裝以及服務等方面的意見和要求，潛在客戶對產品的態度和要求，以及消費族群對新產品的需求趨勢。

影響消費的因素：包括購買動機、購買能力、購買習慣等因素。

購買動機：指推動消費者購買某種商品的念頭，只有找準是什麼樣的念頭促成了消費者的購買行為，才有可能使廣告宣傳做到有的放矢。

購買能力：指消費者在感情動機和理智動機的支配下，對某商品的注意、興趣、購買欲望、購買的能力。研究購買能力是制定廣告策略不可缺少的重要內容。

購買習慣：即消費者日常在何時何地以及如何購買的問題。一般情況下，消費者購買商品的時間選擇是有規律的，如有人常在星期日到街上購買，有人則常在中午或晚上購物。再如，季節交換、節日來臨、發薪水等，都是影響購買行為的因素，了解這些情況，可為廣告時機、地域的選擇提供有價值的參考。

廣告策劃的定位與目標

廣告策劃本來沒有定位和目標這一說法，但由於近年來，廣告行業在做策劃的時候，喜歡把品牌定位與廣告訴求拉到一起，這樣才產生了這一說法，目前，對廣告表達的定位策略主要從兩個方面進行實踐。

實體定位和目標

指在廣告宣傳中，凸出產品的新價值，強調與不同產品的不同之處所帶來的更大意義的一種廣告策略。具體有以下幾種策略：

功效定位策略：指在廣告宣傳中，凸出商品的獨特功效，使該商品在同類產品中有明顯的區別以增強競爭力。

品質定位策略：指透過強調產品具有良好的品質而對產品進行定位的廣告策略。透過凸出其與眾不同之處進行訴求，強調產品具有優於其他同類產品的優異品質。

市場定位策略：指市場細分策略在廣告中的具體運用，每一種產品都有自己特有的目標市場，廣告宣傳針對特定的市場，將產品定位在有利的市場位置上。

品質定位策略：品質不僅包括了「品質」的意思，而且還包括了產品的物理或化學性質、技術效能、使用期限、壽命長短、耐用程度、安全可靠性、技術保障可靠性、維修保養信譽等，給消費者真實的感受。如果品質定位策略運用得好，就可以將產品的使用價值牢牢印入消費者心中，取得良好的宣傳效果。

價格定位策略：指產品的品質、效能、造型等方面與同類產品相似，沒有什麼特殊的地方可以吸引消費者，在這種情況下，廣告宣傳便可以用價格進行定位，使產品的價格具有競爭優勢，從而吸引更多的消費者，挖掘出更多的潛在閱聽人，從而有效地擊敗競爭對手。

商標定位策略：商標定位策略又叫品牌定位策略，是在廣告中凸出商標的名稱和設計圖案的特點及其象徵意義。它的作用是跟同類產品相區別，跟其他生產者相區別。商標的內涵十分豐富、產品的品質、服務信譽、企業信譽等都包含於其中，人們看到商標，往往會立即聯想到上述一切方面的含義。

造型定位策略：強調商品在造型方面的優越之處，產品的造型向消費者傳遞了生產者的情感和意識訊息，不同的造型定位會引起人們心理上的不同反應。因此，廣告設計中的造型定位準確，則可以激發消費者的購買欲望。

色彩定位策略：指在廣告宣傳中，利用不同地區、不同民族的消費者對色彩的認識差異，來促進消費者的購買行為的廣告策略。

服務定位：強調公司及產品完善的服務措施和周詳的服務保證，以解除消費者的後顧之憂。

心理定位：著眼於產品帶給消費者的某種心理滿足和精神享受。如 LV 營造名流象徵，滿足了消費者炫耀的心理欲望。

實體定位的形式在具體操作中，經過細節化還可以演繹出許多，其主要立足點是商品自身的具體可感知部分以及市場的差異區別。與實體定位相區別的另一種定位是觀念定位。

觀念定位和目標

觀念定位是指凸出產品的新意義，以改變消費者的習慣心理，樹立新的產品觀念的一種廣告產品定位策略。具體有兩種方法：逆向定位和是非定位。

逆向定位：藉助於有名氣的競爭對手的聲譽來引起消費者對自己的關注、同情和支持，以便在市場競爭中占有一席之地的廣告產品定位的方法與策略。

逆向定位的特點在於大多數企業的產品定位都是以凸出

產品的優異效能的正向定位為方向的，而逆向定位則反其道而行之，在廣告中凸出市場上名氣響亮的產品或企業的優越性，並表示自己的產品或企業不如它好，甘居其下，但準備迎頭趕上或者透過承認自己產品的不足之處，來凸出產品的優越之處。可見，逆向定位主要是利用社會上人們同情弱者和信任誠實的人的心理，故意凸出自己的不足之處，以換取同情與信任的手法。

是非定位：從觀念上人為地把產品市場加以區分的定位方法。

進行是非定位最著名的案例是美國的七喜汽水。當時在美國乃至世界飲料市場上，幾乎是可口可樂和百事可樂的天下，其他飲料幾乎無立足之地。但七喜汽水採用了是非定位的方法，在更新消費者觀念上大做文章，創造了一種新的消費觀念。其著名廣告「七喜：非可樂」奇妙地把飲料市場分為可樂型飲料和非可樂型飲料兩部分，進而說明七喜汽水是非可樂型飲料的代表，促使人們在兩種不同類型的飲料中進行選擇。這種「非可樂型」的構想，在產品定位的時代是件了不起的廣告宣傳活動，它在人們心目中確立了在非可樂市場上「第一」的位置，促使銷量不斷上升，數年後一躍而成為美國市場的三大飲料之一。

表現廣告創意的方法

廣告的靈魂是創意。一個好的廣告創意絕對是智慧的靈光閃現，同時，好的廣告表現則會讓好的創意更加光彩四溢，天地為之生輝。廣告創意儘管是智者的妙手偶得，但大凡事物依舊有規律可循。因此，如果能夠掌握廣告創意的一些基本方法和表現手法，偶得的機會往往可能會更多一些。下面將廣告創意及表現的幾種方法呈現給大家：

對比法

將產品的功效憑藉一類事物恰當的以電視或平面語言方式進行對比，即會產生無限的聯想和強大的視覺及心理衝擊力。

這種創意及表現手法還可以機智地規避《廣告法》所不允許的貶低同類產品的嫌疑，是廣告最常用的創意及表現手法之一。

誇張法

廣告將所要訴求以誇張的電視語言盡量地放大，對於那些目標消費族群來說無疑是一種震驚亦或有趣！ Snickers 的廣告，畫面上正進行龍舟比賽，其他的龍舟已經紛紛出發，只有一條龍船，還未出發，鼓手變成了唐僧，大鼓敲得像木魚。「一餓就手軟！」「來條 Snickers 吧！」鼓手吃了 Snickers 後頓時由唐僧變回了鼓手。畫外音「橫掃飢餓，做回自己」。可以想像，經過頻繁震驚與誘惑，不相信那些擔心自己因為工作沒有時間吃飯的對象不心甘情願地掏出鈔票吧。

名人法

名人廣告或形象代言人廣告是較為古老和常用的廣告創意和表現手法。尋求合適的廣告形象代言人，利用他們的知名度、信譽及其形體、演藝和生活中的特點充分展示廣告產品的訴求點能夠取得消費者趨同心理的消費效果。

懸念法

懸念法最大的特點就是在廣告的一開始就以一種似乎非理智或不符合邏輯的方式吸引住人們的眼球、揪住人們的心，而正當你想了解其真相的時候，訴求點便展現在你的眼前 —— 於是你記住它了！

暗喻法

暗喻手法往往對那些不便於公開闡述的目標人群是十分有效的。

專家法

運用專家法的創意廣告能夠製造莊嚴、可信的氛圍，從側面烘托廣告對象的權威性，從而堅定消費者購買產品的信心。

地區神祕法

少數民族的藥品廣告多採用民族和地區的神祕感向消費著講述廣告產品背後的神祕故事，以激發消費者的好奇心和崇拜感，進而期望消費者從意識上達到神祕故事的背後必有神奇療效的消費導向作用。

虛張聲勢法

以強烈的視覺衝擊力達到快速引起消費者注目的作用。

概念法

奧美世紀廣告公司創始人大衛·奧格威（David MacKenzie Ogilvy）說過：「為客戶講述一個全新的理念，他們慢慢就會受你引導，成為你的『俘虜』」。

幽默法

幽默法大致分為情節幽默和表現幽默兩種。與名人廣告相比，動物的幽默與滑稽表演更能拉進人與產品的距離，因為人們從心理上更願意接受原始的玩笑表現形式。

但是，動物幽默法必須同時注意產品的品牌形象的正面樹立，防止知名度升高的同時詆毀了產品的信譽。

廣告策劃的預算管理

廣告預算是企業廣告計畫對廣告活動費用的匡算，是企業投入廣告活動的資金費用使用計畫。它規定在廣告計畫期內從事廣告活動所需的經費總額、使用範圍和使用方法，是企業廣告活動得以順利進行的保證。廣告預算與廣告費用是兩個緊密相連的概念，但兩者也有著很大的區別。廣告費用，一般是指廣告活動中所使用的總費用，主要包括廣告調查研究費、廣告設計費、廣告製作費等；廣告預算，是企業投入活動的費用計畫，它規定著計畫期內從事廣告活動所需總額及使用範圍。因此廣告費用可以說是廣告活動中所需經費的一般概念，是企業財務計畫中的一種。為了使廣告預算符合廣告計畫的需要，在編制廣告預算時應從如下三個方面考慮：

預測：透過對市場變化趨勢的預測、消費者需求預測、市場競爭性發展預測和市場環境的變化預測，對廣告任務和目標提出具體的要求，制定相應的策略，從而較合理地確定廣告預算總額。

協調：指把廣告活動和市場行銷活動結合起來、以取得更好的廣告效果。同時，完善廣告計畫，實施媒介搭配組合，使各種廣告活動緊密結合，有主有次，合理地分配廣告費用。

控制：根據廣告計畫的要求，合理地有控制地使用廣告費用，及時檢查廣告活動的進度，發現問題，及時調整廣告計畫。

廣告直接為商品銷售服務，因此，要講究廣告效益，及時研究廣告費的使用是否得當，有無浪費，及時調整廣告預算計畫，做到既合理地使用廣告費，又確保廣告效益。

制定廣告預算的方法目前採用的有數十種之多，最常見的有七種：銷售百分比法，利潤百分比法，銷售單位法，目標達成法，競爭對抗法，支出可能法和任意增減法，如下說明：

銷售百分比法

此方法是以一定期限內的銷售額的一定比率計算出廣告費總額。由於執行標準不一，又可細分為計劃銷售額百分比法、上年銷售額百分比法和兩者的綜合折中——平均折中銷售額百分比法，以及計劃銷售增加額百分比法四種。

銷售額百分比計演算法簡單方便，但過於呆板，不能適應市場變化。比如銷售額增加了，可以適當減少廣告費；銷售額減少了，也可以增加廣告費，加強廣告宣傳。

利潤百分比法

此方法可分為實現利潤和純利潤兩種百分率計演算法。這種方法在計算上較簡便，同時，使廣告費和利潤直接掛鉤，適合於不同產品間的廣告費分配。但對新上市產品不適用，新產品上市要大量做廣告，掀起廣告攻勢，廣告開支比例自然就大。利潤百分率法的計算和銷售額百分率法相同，同樣是一種計算方法。

銷售單位法

此方法是以每件產品的廣告費分攤來計算廣告預算的方法。按計劃銷售數為基數計算，方法簡便，特別適合於薄利多銷商品。運用這一方法，可掌握各種商品的廣告費開支及其變化規律。同時，可方便地掌握廣告效果。

公式：廣告預算＝（上年廣告費／上年產品銷售件數）× 本年產品計劃銷售件數

競爭對抗法

此方法是根據廣告產品的競爭對手的廣告費開支來確定本企業的廣告預算。在這裡，廣告主明確地把廣告當成了進行市場競爭的工具。其具體的計算方法有兩種，一是市場占有率法，二是增減百分比法。

市場占有率法的計算公式如下：

廣告預算＝（對手廣告費用／對手市場占有率）×本企業預期市場占有率

增減百分比法的計算公式如下：

廣告預算＝（1±競爭者廣告費增減率）×上年廣告費

（註：此法費用較大，採用時需謹慎）

市場占有率法

此方法是根據企業的財政狀況，以可能支出多少廣告費來設定預算的方法，適應於有一般財力的企業。但此法還要考慮到市場供求出現變化時的應變因素。

任意增減法

此方法依據上年或前期廣告費作為基數，根據財力和市場需求，對其進行增減，以匡算廣告預算。此法無科學依據，多為一般小企業或臨時性廣告開支所採用。

此外，廣告預算一定要根據企業的經營範圍和競爭能力出發，考慮到自己的經濟承受能力和廣告預算的多少，從比較中選擇效益最好的媒體。如實力雄厚、競爭力強、廣告預算多的企業，可利用涵蓋面廣、信譽好的媒體；中小型企業可選擇費用較低而有效的媒體；零售企業則應充分利用本身條件，如櫥窗、店面、櫃檯展示等手法。如果某產品專業性強，銷售對象集中且價格昂貴，則只需寄發郵寄廣告或派人上門推銷即可達到效果。

廣告策劃的效果評估

廣告策劃效果是廣告活動或廣告作品對消費者所產生的影響。狹義的廣告效果指的是廣告取得的經濟效果，即廣告達到既定目標的程度，就是通常所包括的傳播效果和銷售效果。從廣義上說，廣告效果還包含了心理效果和社會效果。心理效果是廣告對閱聽人心理認知、情感和意志的影響程度，是廣告的傳播功能、經濟功能、教育功能、社會功能等集中展現。廣告的社會效果是廣告對社會道德、文化教育、倫理、環境的影響。良好的社會效果也能為企業帶來良好的經濟效益。廣告效果的評估一般是指廣告策劃活動實施以後，透過對廣告活動過程的分析、評價及效果回饋，以檢驗廣告活動是否取得了預期效果的行為。是廣告經濟效果的評估。

廣告策劃效果評估

首先，看廣告計畫是否與廣告目標相一致，其內在邏輯連繫緊密與否，廣告成功的可能性是否最大限度地得到了利用。

其次，評估廣告決策是否正確，廣告策略是否運用恰當。

再次，廣告主題是否正確，廣告創意是否獨特新穎，廣

告訴求是否明確，目標消費者是否認同。

最後，廣告預算與實際費用如何，它們與廣告效益的關係如何，是否隨廣告投資增加而效益也成正比例地增加等。

廣告策劃效果評估的標準

廣告是否培養了新的公共需求市場，發揮了市場擴容功能；

廣告是否激發了公共的需求欲望，有效地引導民眾產生購買行為；

廣告是否提高了企業的市場占有率；

廣告是否凸出了本企業商品在大眾心目中的地位，提升了公眾的指名購買率；

廣告是否增強了商品的行銷力，擴大了企業的銷售量。

廣告策劃效果評估的具體做法。

1. 直接測定法和間接測定法

效果評估中按獲得資料的來源可分為直接測定法和間接測定法。

(1) 所謂直接測定法是透過邀請專家、學者或有代表性的顧客來評定；透過廣告評價直接對廣告效果做出測定。

(2) 間接測定通常是根據原始數據做初步分析和推理，再對廣告效果做出測定。

2. 事前測定、事中測定、事後測定

效果評估按廣告活動的程序來分，有事前測定、事中測定和事後測定等方法，這是在實際工作中常用的方法。

(1) 所謂事前測定是指在廣告活動正式釋出之前，對廣告策略步驟、廣告作品和廣告媒體組合進行評價，預測廣告活動實施以後會產生怎樣的效果；事前測定的具體內容涉及產品調查、市場調查、消費者調查、媒體調查及廣告訊息在傳播過程可能引起的消費者反應。事前測定主要有對廣告策劃的測定、對廣告創意的測定、對廣告作品的測定和對廣告媒體傳播時機與組合策略等的測定。

(2) 事中測定是指廣告正式釋出後直到整個廣告活動之前的廣告效果測定，其測定內容主要是對廣告成品和廣告媒介組合進行測定，其目的是為事後測定和評估累積必要的資料和數據。

(3) 事後測定是指對廣告活動做出全面評估，其目的：一是評價廣告活動的成績，廣告費用與廣告收益是否合理；二是評價廣告策略的成敗得失，為新的廣告活動提供依據。由於廣告效果的滯效性，對廣告效果的事後測定既不能太早也不能太遲，要注意評估的時機選擇。事後測定主要有廣告接觸效果測定、廣告銷售效果測定和廣告心理效果測定等。

3. 回饋評估法

透過回饋進行評估的方法有：

(1) 觀察體驗法。這是一種訊息回饋迅速的評估方法。其具體做法是：組織的領導人或相關部門負責人親自參加廣告策劃活動，現場了解廣告策劃工作的進展情況，直接觀察、猜想其效果，並當場提出廣告策劃活動的改進意見。

(2) 目標管理法。這是利用廣告策劃目標測評廣告策劃活動效果的一種方法。確定廣告策劃目標時，把抽象的目標概念具體化，編制若干個具體的要求。當廣告策劃活動結束後，將測量到的結果與原定的目標和要求相對照，就能夠衡量出廣告策劃活動的效果。

(3) 民意調查法。這是一種透過調查公眾態度和市場經營環境的變化來測評廣告策劃活動效果的評估方法。

(4) 新聞分析法。這種方法透過觀察、分析新聞媒介對組織的報導情況，測量廣告策劃活動的效果。

(5) 參照評估法。這是一種以其他組織的廣告策劃活動為參照標準，透過比較來分析廣告策劃活動效果的評估方法。其具體做法是：先全面收集本組織和其他組織廣告策劃活動方面的數量資料和品質資料，然後進行對比，在比較中進行評估。這種方法不僅方便實用，而且還能在比較中學習其他組織的經驗，改進廣告策劃的工作。

(6) 專家評估法。這是一種邀請廣告專家測評廣告活動效果的方法。由於這些專家對廣告策劃工作經驗豐富，他們的測評結論一般都比較公正、準確。

4. 經濟效益測演算法

廣告效益的測算方法分為兩大類。一類是從廣告客戶銷售額的變化直接反映廣告效益，即直接效益；另一類是透過消費者的反映估算廣告效益，即間接效益。在實際工作中，直接效益的測算方法與間接效益的測算方法要結合使用，提高廣告效益測算的準確性。

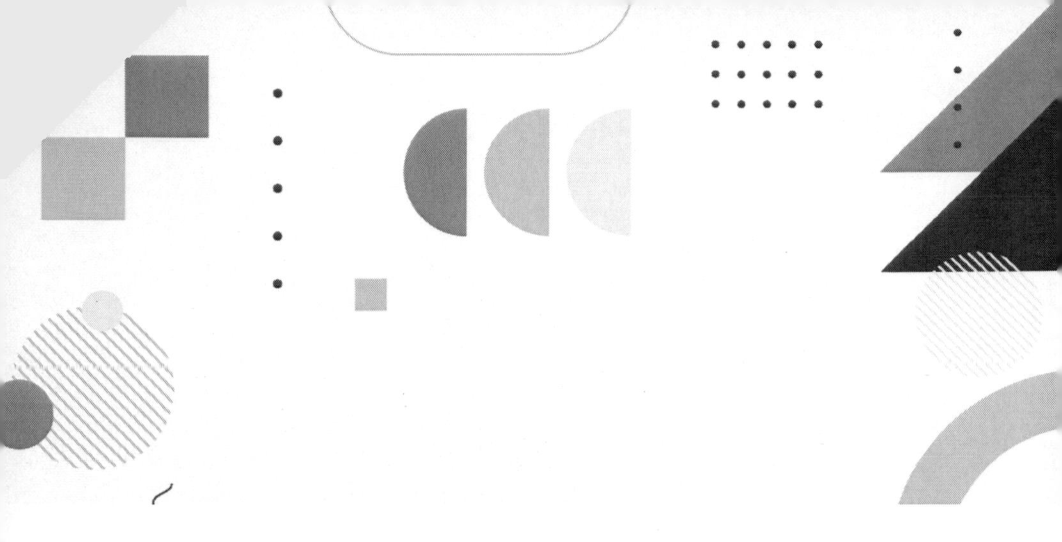

第七章
媒介策略策劃，掌握媒體利器

媒體策劃是幫助企業建立並維持與媒體之間、與民眾之間的相互溝通，是企業品牌傳播和市場推廣的關鍵之一，憑藉廣泛的媒介涵蓋網路和對媒介的深刻了解，整合報紙、網路、電臺、電視臺、行動電視、手機簡訊等各種傳媒資源，用社會文化運作的手法，引導大眾關注，從而達到導航輿論、詮釋職能、樹立良好的產品消費文化的目的。

策劃方案與媒體的關係

廣告媒體是企業品牌傳播、方案策劃和市場推廣的關鍵之一，它是企業與公眾之間的連繫方式和溝通的紐帶。廣告媒體的選擇受到諸多因素的影響，如產品特徵、產品定位、管道選擇、招商政策、價格政策甚至產品包裝等，此外，媒體接觸習慣、競爭狀況、環境狀況等不可控因素也對媒體的選擇有著巨大的影響，當然還包括了企業實力、廣告預算等所帶來的限制。廣告媒體的選擇，應從以下四個方面入手：

根據管道選擇媒體

根據產品流通的不同通路，選擇不同的媒體。目前廣告媒體的管道細分化趨勢越來越明顯，企業在選擇媒體時，要針對不同的流通通路選擇能夠涵蓋該通路的媒體進行投放。

當然，管道選擇也需要進行組合創新，集中針對某一種管道投放並不是唯一的選擇，如果實力允許，媒體的搭配組合有更明顯的優勢。這對於想招到不同通路經銷商的企業來說尤其重要。不同媒體類型的組合，通常會使廣告到達率遠高於單一媒體類型的投放廣告。

根據競爭情況選擇媒體

競爭對手的廣告也會對媒體選擇造成影響。如果你的產品獨一無二，與眾不同，自然可以不考慮競爭者，甚至選擇有多個同類產品招商廣告的媒體比較好，這樣正好可以方便經銷商、把你的產品與競爭對手的產品進行直接比較，從而凸出你的產品的特點，讓經銷商留下更深的印象。假如是為一個同質化的產品投放招商廣告，那麼，在保證瞄準目標對象的前提下，要選擇競爭對手少的媒體來投放，把與競爭對手的正面衝突減少到最小。

根據市場範圍選擇媒體

企業要清楚地認知自己的內部資源，而不是空有一腔豪情萬丈。誰都想擴大自己的銷售區域。廣告中，眾多企業沒有區域性限制，隨意選擇廣告媒體進行廣告投放。這種大面積撒網的做法一般會帶來這樣的後果：有的區域效果明顯，有的區域收效甚微，形成大片「雞肋市場」，投入看似不值得，不投入又非常可惜，最後的結果往往是不投入，市場得不到支持，導致市場枯死一大片。而市場一旦做爛，以後再想捲土重來，將付出極其高昂的代價。

有一家防禿頭洗髮乳企業就犯了這樣的一個典型錯誤，在媒體選擇上沒有制定相關計畫，投入高額度電視廣告和在地投入大量招商訊息，這種在市場進行了不分割槽域的大面積投放，導致出現了上述大片雞肋市場的現象，出現大片「枯死」市場，最後以失敗告終。

如果這家公司先行在小範圍內選擇針對性的媒體投放，以此累積經驗並將一個區域市場充分做透，再分步驟分割逐一投放，市場發展將會完全不同。急功近利式的行為，只能使企業陷入市場的沼澤不能自拔。

根據媒體性質（發行、時間）找媒體

一般來說，實力強勁、信譽良好的大企業就需要盡量選用優異的媒體類型，就如你無法想像，一家醫藥大企業在那些亂七八糟的小報上投放廣告一樣，那將有損企業的形象，會讓經銷商產生誤解，也會給已經合作的經銷商造成負面影響。但是，事情不能一概而論，大企業做的「小」產品，如果需要透過中小型經銷商甚至要從零售商中發展經銷商，那麼，選擇一些小一點的媒體也是一種正確的選擇。

大量新媒體的湧現、媒體的過度細分、接觸習慣的變化等，增加了廣告媒體選擇和組合的難度。廣告媒體組合要考慮目標閱聽人的涵蓋率和每次涵蓋的相對成本，要盡可能地選擇涵蓋廣的、費用低的媒體。不同媒介之間要相互補充、相互促進。在媒體組合上，既可以將廣告費集中投放在同一媒體類型上，也可以分散投放到不同的媒體上。一般來講，在每個特定的市場條件下，都不會有一個最完美的媒體選擇，只有綜合考量目標對象、目標市場、媒介和投放資金等因素，才能制定出一個最有效的媒體選擇組合。

策劃如何利用媒體

好的廣告策劃彷彿帶上了「魔戒」，吸引你的不是它的廣告內容有多麼精彩，而是這個廣告的確被你看了好幾十次，每一次都那麼令你神往，讓你感嘆自己的品牌為什麼不能有這樣的傳播效果。這裡不妨為你解開這個「魔戒」之謎。

廣告策劃背後的決心

企業廣告一定不能想著省錢，廣告的轟炸力隨著廣告費的增加呈幾何級數增大，廣告效果和廣告費用的關係是非線性的，這可以從以下 4 個方面來理解：

一是廣告費用越高，價格折扣越優惠。這個很容易理解，2 倍的價錢就可以買到大於 2 倍的廣告力度。二是廣告費用越高，得到的廣告力度越大，消費者看到的次數就越多，對品牌產品的印象也就越深刻。電視廣告不可避免地存在觀眾注意力損耗，需要解決多少次廣告才能被觀眾「看得到」和「記得住」的問題，需要巨大廣告量的烘托，才能在消費者腦海裡產生「廣告很紅」的感受。三是廣告費越高，可以運用的廣告手法就越多，如運用 60 秒、30 秒、15 秒、

5秒、冠名等多種組合闡明品牌和訴求。甚至15秒廣告都有好幾個版本，而調查研究顯示，多版本訴求比單一秒數、單一版本訴求的效果更好，多種電視媒體廣告形式的運用，可以營造一個強烈的廣告氛圍。各種形式相互呼應，把訴求說明白清楚，每一處細節都可觸動消費者的腦神經。四是廣告費越高，電視臺的重視程度越高。在電視操作的過往經驗中，電視臺甚至把某冠名品牌的字號放大到大大超過了電視臺文字，充分展現了客戶的權益，某些炙手可熱的廣告位置，電視臺總是讓給最重要的核心客戶。

很多客戶不知道成功品牌背後的祕笈，表面上看到的是比自己心理期望值高出幾倍的投放費用，其實背後是一種決心，是對媒體資源、媒體關係的深刻理解、對消費者接受力損耗的客觀承認。當品牌在廣告片訴求的判斷準確後，在市場投放的目標選擇清楚後，在銷售通路的鋪設完畢之後，它需要做的就是對電視投放擁有策略性的決心：要麼不做，要做就要轟轟烈烈。

當然，每家企業的費用資源都是有限的，如果費用有限到無法顧及整個面的時候，那就必須放棄「面」，集中所有資源在一個「點」上突破。運用資源去逐個開啟不同市場的銷售，得到健康的投資報酬，然後將產出再投入到另一個市場，總結自有品牌傳播的投資報酬規律，馬上就可以複製到其他城市。這樣的媒體操作手法，看似風險不小，其實是最穩健的。

談判和購買是不能缺少的步驟

很多客戶在電視投放上還停留在找到一個合適的媒體，談個好折扣，然後生成排程，做到次數足夠多、黃金和非黃金時段搭配得當，基本就可以確定排程執行。

其實，在電視傳播領域，策劃是傳播上的策略，包括投放市場分析、電視臺組合分析、媒體聯動分析、投放季節性節奏分析、媒體環境分析及選擇、投放量分析、版本搭配、特殊媒體形式運用等；而購買是傳播上的戰術，包括插口精細化分析、插口內順序指定、套餐價值分析、頻道組合等。

策劃、購買和談判相結合，能大大提升媒體投放效率，節省巨額的投放費用。別人廣告做得好，不單是有猛烈投放的決心，還因為懂得怎樣在細節省錢，不斷提升廣告投放效率。

首先，再好的電視頻道，也有對品牌不好的廣告位置。從 CP 值角度看廣告效果，會發現任何電視臺都可以找到對客戶產生無價值的廣告空間。這是因為，電視臺的廣告標價、套餐不是針對哪一個品牌而定的，同樣的廣告時段、套餐，對甲品牌有利，對乙品牌可能就不適用。看似排程滿滿的次數，其實都是一些沒有目標消費人群的廣告位置。

其次，爭得了正一廣告位，但不一定就爭得了市場。對某電影頻道特定播出時間的正一位置的 CP 值分析後發現，某單一客戶值得指定正一位置的比例不足 25%，也就是說，如果客戶盲目地指定正一位置，4 次只有 1 次能夠指對。某些正一位置指定後，收視率還低於不指定正一位置，原因很簡單，觀眾在該時段處於人群流入的形態，越早播放越不划算。而廣告時間段的收視形態都不是 V 字形的，總是一頭輕一頭重，廣告指定「正一」還是「倒一」，如果是隨意指定，那跟搖骰子買大小一樣，是一半的命中率。如果考慮到不是每個廣告插口都值得我們去指定正一倒一的，那命中率就更低了。

再次，最低折扣不一定得到最好的投放效果。取得最低折扣是客戶力所能及的，但取得最好的廣告位置，對甲方來說，不是它的專業所在。然而，很多企業往往忽視了自己不專業的這份價值的產出，甚至不願意為這種價值付一些基本的分析費用，導致最後沒有在服務中真正得到這種價值。取得最好、最適合於品牌的廣告位置，至關重要，這就是策劃和購買的力量。企業在媒體投放上重視折扣的同時，也應重視每次廣告投放的 CP 值。

最後，15 分鐘時段內，前 5 分鐘片頭廣告位置可能就比後 5 分鐘廣告位置效果好一倍。我們知道，觀眾是拿著遙控器迅速轉換頻道的，他們對頻道間的更換速度之快，5 分鐘足以展現出不同的收視形態。例如，從某頻道 5 天的收視情況看來，15 分鐘內，消費者從插口 1 到插口 3，人數基本上跑掉超過一大半。媒體投放已經需要精細化到每個插口名稱，每個插口內位置的排行順序了。

用科學的方式使用數據

很多廣告主是用個人感受去體驗廣告效果的，這不能說是錯誤的，但是片面的，倘若企業高層平時的作息時間和消費人群的作息時間差別很大時，他們「用心感受」投放的廣告就會產生很大的偏差。只有數據，才能超出個人的局限。中小型企業對數據運用存在一定的誤解，認為數據是不可靠的，或者不知道數據的價值何在。的確，運用數據有利有弊，但廣告投放的確離不開它。

利一，數據是調研公司在各個市場科學抽樣調查的結果，它超出了一個人的觀察力和感知力，對媒體收視形態做出了總體而又細緻的描述。現今的收視率調查技術水準能達到以分鐘來計量，對於廣告投放 CP 值分析來說基本足夠。在跨市的媒體操作上，很多時候，數據比派幾個人去當地看電視更加科學可靠。

利二，數據剔除了決策者個人的喜好偏向，反映的是每個人群、每個地域的收視習慣，是相對科學客觀的操作指導。例如，企業派人去看電視，這人喜歡看電影，最後選擇了當地的電影欄目廣告插播，殊不知，電影欄目在當地頻道是新欄目，仍沒有大規模的觀眾數量。數據真正做到讓目標消費者自己來說話，避免了個人收視喜好的影響。

利三，透過資料的分析和演變，我們才能精確地得出為什麼不選擇套餐一，而選擇套餐二，套餐二的效率比套餐一高出多少個百分點，如果我們一定要用套餐一，那麼談判上需要對套餐一降低多少折扣才划算。這些具體的百分比數據，都是因為有數據才能得出的。任何沒有數據的人，都分不清好與壞，以及好壞的程度如何。

弊一，資料存在水分，怎麼看待？曾經有一個客戶的廣告，幾次播出，叫家人來看都錯過了播出時間，頓時產生了數據不可靠的念頭。又如，數據被紀錄器記錄，但人的注意力可能不在電視上。照這樣分析下去，資料的確是失真的！然而，這種現象平均分布在所有廣告主身上。將甲品牌和乙品牌的收視效果做橫向對比時，兩者共存的水分可以相互抵消，可以得出兩者投放效果的差異情況。同樣，這個月得到多少收視率，下個月又得到多少，縱比法抵消可以看出不同行銷節點客戶需要怎樣的投放力度，同樣不必在意數據本身的水分。

弊二，某些地區的數據調查研究不準確，出現抽樣錯誤。例如，在都會網路和鄉域網的抽樣案例上，我們透過將不同城市的資料聯合，找到了當中的差異性，選擇都會網路為資料基礎。由此規避了區域性數據抽樣不科學的情況，雖然這種現象很少見，但一旦發現，可以用多種方法彌補。

喧囂的媒介，讓策劃方案被關注

時至今日，我們來看品牌的社會化行銷情況。各大品牌都非常積極，凡是最新、最酷、最有人氣的平臺，就一定能看到他們的身影，但問題是，眼看著自己的品牌擁有這麼多帳號，可其中就沒有任何一個可能會帶來銷售機會。就算把注意力從銷售上暫時挪開，說到品牌的消費者，情況也同樣令品牌主大為煩惱。每天釋出的動態消息，只能引起極少數消費者的關注，並不是所有消費者都願意注意某品牌每天說了什麼，做了什麼。

社會化媒體行銷的過程艱難得令人難以相信，這使得品牌企業都開始思考是不是自己做錯了什麼？究竟怎樣才能讓那些還沒有注意到我們的消費者關注我們呢？不妨試試以下的建議，也許能為大家帶來一點幫助：

與已有的消費者進行互動

對已經關注你品牌的消費者們給予關注。既然他們已經關注了你，表示他們已經對你的品牌表示了明確的興趣，也向你開放了自己的好友和社交圈子，就是為你的品牌做出了一份貢獻。要知道，如果想獲得更多消費者的關注，前提就是要讓他們知道品牌的消息對他們來說是有價值的。同時，消費者的提問也是會被給予回覆的，首先要想辦法讓他們知道，你對你的消費者給予了極大的尊重和關注。對品牌在其他平臺的帳號也同樣如此。對已有的消費者人群表示感激，不斷交流，互動。任何一句對話，釋出的消息都要充滿新意，符合已有消費者的喜好。

加入消費者的行列

千萬不能妄想，大部分已經關注你的消費者永遠停留在你的頁面，永遠關注你的一舉一動。正確的方法應該是你去不斷地關注消費者們的行為舉止。找個機會與消費者們見面，一起活動，做一些符合他們平日生活習慣與喜好的活動。試著去學習他們的文化，加入他們的聊天，用他們常用的方式去接觸他們。

一條普通訊息也許能帶來 10 倍的傳播效應

盡可能用最簡單的話語告訴消費者你想要說的，確保你的訊息具有價值，如此便能做到安心地等著看消費者們不斷地傳播你的訊息。這對消費者來說，就好像一個簡單而富有誠意的邀請一樣，永遠比不斷讓人快去購買你的產品舒服得多。

不如直接地告訴消費者你需要他們做些什麼

也許你正期待著你的消費者能幫你做這件事、做那件事。那不如直接地告訴他們做什麼事。只要消費者們足夠尊重你的品牌，他們就一定會同樣尊重你的行為。

給消費者一個理由來幫助你

站在消費者的角度想想，不可能讓人整天不管自己的事情只為你做這一件事情吧！最好的辦法就是給消費者一個充分的理由來做這件事情，說不定消費者還會樂此不疲，這更是品牌對消費者利益的關注和保證的表現。

讓消費者輕鬆而方便地分享品牌的相關資訊

盡可能地讓大家能一次性把你想要包含的內容都分享出去。如一鍵分享，迅速人口等。同時，讓消費者覺得分享相關的資訊是一件充滿滿足感的事情。整個過程越方便越充滿滿足感，分享的機率就會越高。

總體來說，如果你希望得到消費者的注意，請你先對他們注意起來吧。保持幽默、有趣、休閒、快樂，充滿創意，給人驚喜，或者讓消費者們興奮不已。關注消費者，真誠相待，盡可能地提供他們一切服務。這會讓消費者們感覺關注你是一件讓人非常享受的事情，而且，你也許還能因此得到越來越多人的注意。

網路時代的媒體策劃方式

隨著數位裝置的進化，平板電腦，智慧型手機和社群媒體在人們的生活中越來越重要，截至 2012 年，已有 4,900 萬的消費者使用智慧型手機，其中 84%都是熱切、積極的社交媒體使用者。行銷已經進化成了一門比以往任何時候都更加複雜的學科，對於企業也提出了更高的要求。為了避免自己變得無關緊要，企業管理者要如何創造出即時的、對品牌而言又是內在固有的內容呢？他們如何透過創造出消費者想要閱讀和分享的內容，在一個更私人的水平上與更年輕的消費者互動？在你和新世代打交道的時候，下面幾件事一定要記住：

請保持對話的主動性

保持對話的主動性，否則交流還在進行，你卻已經被排除在外。在最近《華爾街日報（部落格，微網誌）》的問答環節中，迪士尼的電視製作人曾表示，線上交流正在改變整個創意過程以及組織執行方式。交流是持續存在的，組織必須保持關注，並提供及時和持續的回饋，除此之外，再沒有別的途徑。

事前準備至少兩套方案

對於策劃重要時刻和與年輕的使用者即時交流來說，投資在必要的資源上是至關重要的。事後證明，在飽受詬病的第 47 屆超級盃斷電事故期間，Oreo 僱傭了一個多達 15 人的社群媒體隊伍來應對比賽期間發生的任何事情，Oreo 甚至事先準備了兩種不同版本的推文，以備不時之需。

要關注多個平臺

超級盃之前的一項調查顯示，36%的觀眾會從多個平臺接收資訊。對品牌來說，在重大的文化時刻，要想在個人資訊或是情感層面接近你的閱聽人，有一個完美的途徑，那就是透過智慧型手機、電腦、平板端的相關社群媒體，即時、迅速地回應你的閱聽人。

必須有的放矢

當你的目標是新世代的年輕人時，有一點很重要，那就是發現他們上線的時間都花在什麼地方，同時這種趨勢是如何隨著時間而變化的。現在，使用 Twitter 的年輕人有 1,600 多萬，使用 Facebook 的有 6,500 多萬，對品牌而言，行動裝置和社交應用的普及程度已經變成一種生活方式，品牌應該利用它與被過分刺激的年輕一代相連繫。

即時數據很好用

行銷者擁有兩件有價值的工具：歷史數據，它是這些年輕人關心什麼的證據；即時數據，它隨著時間源源不斷地湧入，來自於「讚」、「留言」和「分享」的原始數據給了品牌行銷者在分秒之間評估數據的能力。透過利用這兩者，他們就能夠找到自身在對話中的位置，並且創造出文化上的重要時刻。

企業媒介必須抓住機會來計畫「大時刻」，並且確保自己充分參與其中，與精通技術的一代年輕人緊密連繫。如果品牌做好了準備、做出了投資，並且在社交上贏得了影響力，他們就能夠將年輕閱聽人轉移到真正展現關注度的即時交流上來。

選對媒體的雙面效果

廣告媒體是指所有能夠傳播廣告的訊息介質，它是廣告要素中一個重要的組成部分，是廣告的載體。廣告媒體要能夠適應企業的選擇，滿足對資訊傳播的各種需求，及時、準確地把廣告主的商品和觀念等相關訊息傳遞給目標消費者，刺激他們的需求，指導消費。在現代廣告運動中，媒體一直處於極為重要的地位。但是，成功的廣告策劃，從它的製作開始就考慮到媒體的因素，廣告的創意、文案和傳播也總是受制於它所選擇的媒體。因此，廣告作品只有配合各種不同媒體的特徵，進行恰當的選擇，才能適應各類媒體的不同優勢，準確、巧妙地把相關訊息傳遞給目標消費者。否則非但達不到預期的效果，還可能帶來負面影響。所以說，媒體是一把雙面刃，選對很重要。

媒體選擇的四大原則

媒介影響效率原則：媒介的發行量、發行範圍、收聽率、收視率各不相同，其聲譽與影響也不同。從媒介影響力來評價廣告作品時，主要看廣告作品的訴求內容是否與媒體的投放規模和投放時間相適應。

訴求方式原則：成功的廣告要想打動閱聽人，要麼動之以情，要麼曉之以理，訴求方式的不同決定了媒體選擇的差異。從作品評析的角度來看，廣告作品的訴求只有與媒體特徵相適應，才能實現理想的傳達效果。

覆蓋域原則：任何一種廣告媒介都將在一定的地區範圍內發揮影響，超出這一地域範圍，這一廣告媒介的影響將明顯地減弱甚至消失。

時效性原則：時效性即指媒體需要多久才能將訊息傳遞給客戶，不同的媒體傳播速度不同，不同產品類型的廣告作品對時效性的要求也不同。具體而言，廣播和電視的時效性

最強，可以時時刻刻把訊息傳遞給閱聽人，相對而言，雜誌和報紙只有在發行日才能把訊息傳遞給閱聽人，因而廣告傳播速度稍慢。

此外，還要考慮廣告商品的特性和消費者的習慣、文化層面、生活狀況等，如消費數據還是生產資料、科技複雜程度的高低、男性還是女性、成年人還是青少年、固定職位工作人員還是流動職位工作人員等，以及為了實現不同的銷售目標所選擇的不同媒體。

傳統的四大強勢媒體的特點

報紙、雜誌、廣播、電視是廣告傳播活動中最為經常運用的媒體，通常被稱為四大廣告媒體。

1. 報紙媒體

報紙是現代廣告媒體中涵蓋面較廣的一種媒體，也是傳統「四大」強勢媒體之一。今天，報紙廣告在廣告業中占有極為重要的地位，雖然目前報紙廣告受到電視和網路媒體的衝擊，但報紙仍是廣大廣告主青睞的對象。

優勢：製作簡便迅速，成本低廉；以理性訴求為主，深度說服；主動選擇性強，接收效果好。

劣勢：報紙的新聞性很重要，日報過了當天就沒有多少閱讀價值了，一般人看過之後就會把它丟在一邊，所以，有效時間短；報紙以新聞為主，廣告在版面編排上不可能居凸出地位，並且容易受到新聞及其他因素的影響，所以容易分散注意力；印刷不夠精緻，感染力差；閱聽人面廣，目標人群不凸出。

2. 雜誌媒體

優勢：目標閱聽人明確，雜誌大多是以特定目標閱聽人而發行的，閱聽人接納性高，雜誌內容本身的權威性和可信性使廣告也沾了它的光，很多雜誌聲稱，在他們出版品上出現的廣告都使其產品更有吸引力；生命週期長，雜誌是所有媒體中生命力最強的媒體，雜誌通常使用高品質的紙張印刷，因此有很好的視覺效果，可以印出更加精美的黑白或彩色圖片；具有銷售促進作用，廣告主可以有多種促銷手法，如發放優惠券或提供樣品。

劣勢：有限的靈活性，廣告主在遇到市場情況變化時，需要變更廣告內容很困難，一些時效性廣告也無法使用雜誌媒體；缺乏及時性，有些讀者在雜誌到手後很長時間都不去讀它，所以，廣告要作用到這些讀者還需要一段時間；製作複雜，成本高；存在遞送問題，除了少數雜誌，大多數雜誌不是在所有的書報攤上都出售，如何使雜誌到達目標閱聽人是較為嚴峻的問題。

3. 電視媒體

電視廣告由於承載的傳播功用不同，可以被劃為電視商品廣告、電視節目廣告、電視公益廣告、電視形象廣告4 個類別。

優勢：傳播面廣，衝擊力強，電視畫面和聲音可以產生強烈的衝擊力；滲透力強，電視對我們的文化有著強烈的影響。

劣勢：媒體生命短暫，一則電視廣告多在幾秒和幾十秒之間，廣告訊息稍縱即逝，觀眾稍不留意就會錯過，而一旦錯過，受傳者就無從查詢，這就大大地影響了對廣告商品的認知、記憶效果；費用成本非常高；電視廣告的干擾非常多；對觀眾沒有選擇性。

4. 廣播媒體

優勢：傳播迅速，靈活性強，在所有媒體中，廣播截止期最短，文案可以直到播出前才交送，這樣可以讓廣告主根據地方市場的情況、當前新聞事件甚至天氣情況來做調整；可支付性，廣播可能是最便宜的媒體；廣播讓聽眾有一個很大的想像空間；收聽方便，廣播廣告不受時間、地點的限制，可以隨時收聽。

劣勢：易被疏忽，廣播是個聽覺媒體，聽覺訊息轉瞬即逝，廣告很有可能被漏掉或忘記；缺乏視覺；干擾大，競爭性廣播電臺的增多和循環播放，使得廣播廣告受到很大的干擾；媒體生命週期短，一個 15 秒的廣播廣告播出後就會蕩然無存，假如受傳者沒有聽清，也沒法倒回去聽。

不同的廣告媒體有不同的特點和作用。因此，要完全發揮廣告的效果，就必須認清各媒體的作用和特點，科學系統地做好改良選擇。

案例　「風花啤酒」與周刊

在林林總總的酒業行銷策劃案例中，有一起牌子不太出名，但其中一成一敗的「對標」卻值得所有策劃者深思的案例。

2005 年，一家啤酒製造商的高級產品風花啤酒上市，為了快速推動該產品進入市場，該啤酒廠計劃進行大規模的投入。於是，他們聘請了一家廣告公司策劃促銷活動。

經過一番緊鑼密鼓的準備後，該廣告公司策劃活動粉墨登場，具體事項是：當地的報紙與風花啤酒聯合促銷，即憑一份報紙，可以領一瓶風花啤酒。廣告播出後，反應還不錯，很多人拿著報紙紛紛到指定地點兌換啤酒。

當公司的市場總監去檢視活動執行情況時，卻發現剛開始，有各式各樣的人去兌換啤酒，進展到中途，卻看到了報攤老闆派人，挑著一捆報紙去經銷商處兌換啤酒，一兌就是上千瓶。緊接著，該公司趕緊登報重申，每個人憑身分證只能領一瓶，本來是想限定有些人從中作弊，結果卻發現，如此一限定，兌酒的人少了許多。市場總監領著報社的總編去現場檢視，結果讓他們大吃一驚：由於 20 個兌酒點都明確限定每個人只能兌現一瓶酒，因此，報攤老闆見無機可乘，乾脆將報紙漲價，原本零售 10 元／份的報紙，漲到了 15 元／份。

如此一來，去兌酒點兌酒的消費者更少了，而大街上的報童、拉車的人等卻在領酒，與當時的目標偏離很大，如果不兌現，對於公司來講，肯定面臨信譽危機。因此，在兌現了 4,000 多瓶酒後，該活動不得不被叫停。

該項活動結束後，費用打了水漂。但市場還要去做，畢竟新產品需要持續去推廣。這時，該經銷商決定自己策劃，在與廠家簽訂了費用投入及相應的銷售量指標後，該經銷商找到了連鎖超市市場部，商談合作事宜，經過一番談判，雙方商定：廠家與當地高級媒體雜誌合作，在首版一期刊登廣告，整個廣告版面內容設計安排是：上部分是產品品牌宣傳，下面是活動介紹，背底還巧妙地設計了一首藏頭詩，最下面是活動細則：在規定時間內，即 1 月 1 日至 31 日，凡會員卡續年費 500 元，可以現場免費領取一件價值 500 元的風花啤酒。此投放廣告的雜誌還在各連鎖超市免費發放給持卡的消費者。

雜誌針對此廣告登出後，配合著商場的 POP、DM 宣傳單頁、海報、條幅等，效果出人意料，由於廠家在協定簽訂中只答應提供 1,000 件產品，因此，面對眾多交了年費而等待領酒的消費者，普爾斯馬特超市不得不買風花啤酒 4,500 件，用於會員續費兌現產品。

活動結束後，元旦一過，普爾斯馬特又一次下定 3,000 件，大年三十前全部銷售完畢。這項活動，廠家僅僅投入了 1,000 件酒，超市卻賣了近 7,500 多件酒，相比於第一個活動，投入產出比相當高，因此，獲得了極大的成功。廠家、經銷商以及零售商三方最終實現了雙贏。

案例一之所以失敗，是因為在相當程度上，外行人策劃了內行事。作為一個以傳媒策劃出身的廣告公司，在不了解啤酒行業、啤酒市場、啤酒消費人群的情況下，選擇了一個大眾的媒體，雖然發行量大，但它的讀者群卻是普通市民階層，也就是說，面對的是一群消費能力有限、與產品相配度不高的消費群，它與風花高級的目標消費群定位有著較大的差距，這是導致這次推廣活動失敗的最根本的原因。

案例二之所以成功，是因為其選擇的媒體是一個高級雜誌，其讀者群恰恰是風花產品的目標消費群，可謂媒體與目標顧客具有較高的一致性。其次，其選擇普超市的會員顧客，其實是看中了持卡消費者一般都是有著較高消費能力的顧客，而這恰恰也是風花啤酒的目標顧客群。

其次，案例一的失敗還在於缺乏對活動宣傳的造勢，僅僅在雜誌上的廣告版面「廣而告之」。這樣做的缺陷是，不能對此次活動進行大力度的宣傳和監督，不能夠形成首尾呼應、互動的傳播效應。而案例二，除了雜誌進行廣告傳播外，還配合這家最大的連鎖超市的 DM、海報、條幅、POP 等宣傳物料，展開了全方位的宣傳。

因此，一個活動的策劃成功，一定是一個系統工程，絕不是一個單點就能致勝的問題。它需要聚焦資源，又需要其他一些配套的措施來做保障。

再次，活動策劃要未雨綢繆，安排。案例一之所以失敗，是因為在活動運作前，沒有考慮到大批次的贈酒會被一些報紙攤主、報童及拉車的人領取，但這細節的疏忽，卻讓活動的主體、對象產生了錯位，使原本是活動對象的消費群成了這次活動的邊緣人群。

案例二之所以成功，是因為經過了周密的安排，從媒體的選擇與投放，到配合超市其他宣傳媒體進行大力度的渲染，載有廣告的雜誌針對目標人群進行定量、定向發放（雜誌針對廣告客戶，免費贈閱，無須企業另外購買），可謂集中對目標人群進行了高密度轟炸，效果自然可以達到。

最後，活動的策劃一定要以市場、要以產品的目標定位與細分做基礎，產品定位與目標消費者定位要相符合。案例一，廣告公司只考慮到傳播效應，即能夠引起轟動效應，卻沒有較多地考慮產品的目標定位問題。從而讓資源投錯了方向，並且還差點將企業引入了死胡同，讓企業面臨誠信危機。

案例二雖然是經銷商操作，但卻懂得研究市場，研究消費者，研究有效率並且相配媒體。因此，針對高級的新產品，其選擇了高級的媒體，選擇了相配的通路 —— 連鎖超市，聚焦了目標消費人群 —— 持卡顧客，採取了與廣告媒體同步宣傳 —— 利用超市戶內、戶外廣告協同宣傳，因此，取得了較好的效果。

這也告訴企業，在選擇合作的策劃機構時，要三思而後行，要盡量選擇那些與本行業相關的專業策劃機構，而不是隨便選擇一家廣告公司。

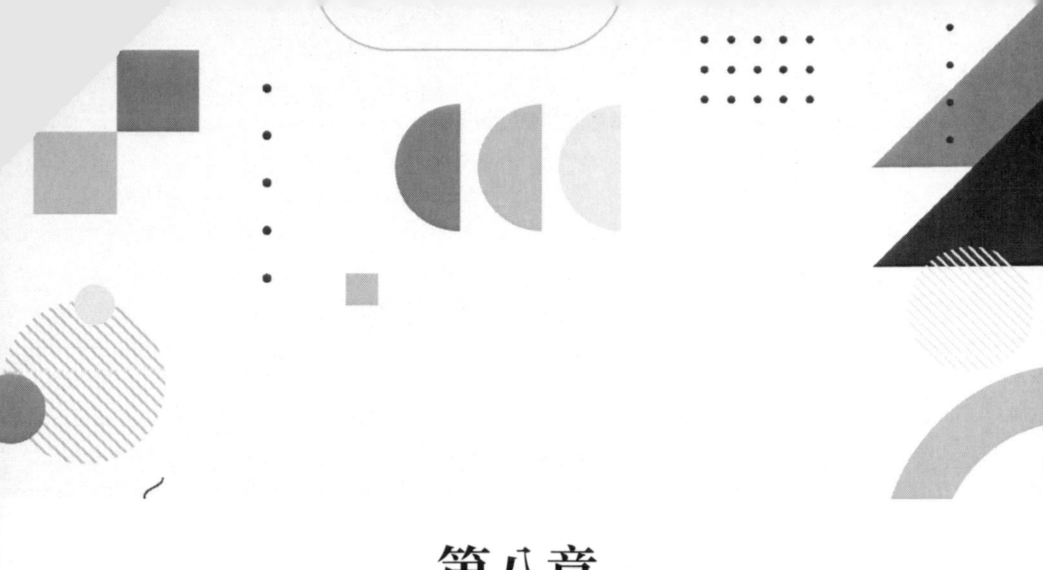

第八章
通路策劃，銷售成功的關鍵

如同血管是人體新陳代謝的管道一樣，
通路是企業在市場經濟大潮中成功搏擊的生命之河。
河道的暢通與否，極大程度地影響著企業的成敗，
所以，企業經營者必須重視通路策劃。

產品行銷，通路為王

通路銷售是建立明確具體的商品流出途徑，把商品快速由企業輸送到消費者面前。根據行銷 4P 中，即著名的「4Ps」理論：產品（Product）、價格（Price）、管道（Place）、促銷（Promotion），由於這四個詞的英文字頭都是 P，再加上策略（Strategy），簡稱為「4Ps」。品牌可以只有一個核心不變的產品，可以有一個數字不變的價格，可以有一個賣點不變的廣告，但不可能只有一個孤零零的終端。終端管道的建設，企業會根據自身策略和所處的發展階段不同而有所偏重，如今大品牌應對小經銷（終端）及小品牌應對大經銷（終端）的現象越來越多，關鍵就在於如何去正確看待它們，運用它們。

只有生存下去才是真理

生存以上，生活以下。這是很多人的真實生活狀態，企業也一樣，尤其是那些在夾縫中艱難呼吸的小企業們。它們都是名副其實的弱勢群體，很多企業家都是白手起家，創業到現在長的十幾年，短的兩三年，完全不能和有深厚累積的國際品牌相提並論。它們往往都在產業鏈的下游地帶，也很難有完善的R&D體系和實力，更不要說投入天價的傳播推廣費用了。

在沒有任何優勢的情況下，靠的只有自己的雙腳去跑，雙手去親力打造商業的機會，這個機會，就是「通路為王」的非對稱競爭策略。

通路為王策略

通路為王，這四個字的提出有其特定的歷史背景，是在本土事業與國際品牌的競爭背景下提出的一種獨特策略。國際品牌在行銷傳播上的資源投入之多，往往是本土品牌望塵莫及的，進而也成功地完成了對消費者心智資源的搶占。再加上其悠久的歷史背景、規模性的優勢控制行業話語權、消費者固有的崇洋購買心態，在這種情況下國營事業要生存，必然要選擇在管道上。

如果說品牌傳播的作用是打動你的心，一副高級形象，打的是以情動人的牌，那麼終端的作用就是確實把產品送到你的手上，做的是苦力，絕無什麼虛招花架子可言。而這也就是本土企業的戰場和空間，以通路力托起品牌，以通路力支撐品牌，以通路力打造品牌。那麼作為企業又該如何做呢？

從滲透開始

管道以滲透開始。滲透是一種溶液逐漸進入另一種物質直到兩者融合的過程。滲透策略，是一種站穩、鞏固原有市場，並採取穩紮穩打的方式，逐漸開闢新市場的市場行銷策略。滲透策略，是一種立足於現有產品，充分開發其市場潛力的企業發展策略。滲透策略，也往往是國際品牌使用的一種策略性行為。滲透策略的實施，有其必然的內部原因和外部原因。

緊緊圍繞內在價值

我們知道，任何產品都是有其生命週期存在的，短的可能未曾上市就夭折，長的可能持續百年。但殘酷的事實是，今天看起來風光無限的東西，理論上明天就可能退出商業歷史舞臺，即使是再強大的產品和技術，也可能瞬間化為泡沫，比如柯達品牌和其膠卷技術。那麼對於企業來說，在一個產品仍存活的階段裡，如何去有效地延伸產品的壽命，盡可能地發掘出其所有價值，都是必須要面對的問題。

當一個市場處於初始階段時，市場開發策略、多元化開發策略這樣的開拓性策略有助於搶地盤占空間，迅速形成規模化的優勢。而當一個市場處於成熟期後，市場容量可能趨於飽和，市場間的競爭可能處於均勢時，處於領先地位的品牌，則可以去嘗試把戰場做精做細的市場滲透策略了。執行到位的市場滲透策略依舊可以進一步使產品的銷售額得到成長，依舊可以鞏固自己的市場地位，更重要的是，可以大大延長產品的生命週期。

在一個進入品牌競爭階段的市場，我們依舊有很多進行滲透的方法，比如合理增加產品的功能特性，增加使用情境、使用頻次提高平均使用量，當然，還有更為重要的，即尋找和吸引潛在顧客，不僅在現有的目標市場上，更在地域的空白點上。

從 3A 到 4P

市場滲透策略是一個企業經營最基本的策略，也可以說是最樸實的策略。它重劍無鋒，大巧不工，比拚的是耐心、細緻、強大的執行力。更重要的是，市場滲透策略十分適合大型的跨地區型，成熟型品牌和企業。

其一，滲透策略能把高空傳播的資源最大化地應用。比如千人成本最低的電視廣告，在投放費用相同的狀況下，地面終端數量越多自然也意味著平均投放成本越低。投廣告最怕什麼？不是製作差也不是創意爛，是打了廣告消費者到了終端後發現沒貨！

其二，滲透策略能有力地利用強勢品牌成熟市場的優勢，對周邊未被完全活化的新市場進行輻射。水往低處流，滲透策略同樣如此，在宣傳策略到位的情況下，商品自然可以形成從成熟到新興市場的自然流動態勢。

滲透，是一種動作，也是一種過程，最終的結果是侵蝕、同化、你中有我、我中有你。這個過程並非即時見效，但一旦完成，結果很難逆轉。本土企業以產品成本和品質為導向，以銷售能力為核心競爭力的方針，最重要的是，本土的品牌也更在地化，更努力也更踏實，把通路這個要素極致化徹底化後，在這個特定的競爭時期，一定程度上抗衡了國際品牌的系統化的品牌體系。

通路為王可享一時之成果，是因為時代給予了這個策略生存的意義，但是要牢記市場行銷中，不存在永恆的真理。

通路策劃的五種方法

通路為王實際上是滿足一個銷售形態。在這一個階段裡面，比如說某段時期，市場需求突然大於供給，碰巧你的通路做好了，就能迅速地把這個市場掠奪了。在這個時候，通路就能助你一臂之力。比如說，我們要把貨物運到河對岸的消費者手中去，想把對面的河岸占了。渡河的船就是方法，這時船就是老大，沒船，什麼事都解決不了。如果整個行銷過程沒有做到位，貨走不到終端，推廣也做不到終端。所以，通路的策劃對企業來說是必不可少的，那麼企業又該怎樣進行通路的策劃呢？下面的五種方法或許能給出你答案：

遠景策劃

一家沒有遠景的企業是沒有靈魂的企業，是只會賺錢的企業，沒有發展前途。雖然國內的經銷商素養普遍偏低，沒有自己的長遠規畫是很正常的，但是對於廠家來說一定要有自己的遠景規畫。企業一方面要用市場的實績來證明自己的優秀；另一方面企業要不斷描述自己的美好前景給經銷商。讓經銷商認可你公司的理念、企業的發展策略、認可公司的主要領導人，即使暫時的政策不合適，暫時的產品出現問題，經銷商也不會計較。具體的做法如下：

企業高層的巡視和拜訪：傳達企業的發展理念和展望企業發展遠景，這樣的舉措可以讓經銷商更深入地了解企業的現狀和未來的發展。

企業辦內部刊物：讓經銷商的意見和建議成為刊物的一部分。定期把刊物發到經銷商的手中。

企業定期召開經銷商會議：在會議上對業績好的經銷商進行表揚和激勵。使經銷商有企業一員的參與感，覺得自己是企業的一部分，自己的發展和企業的發展密不可分。

品牌策劃

品牌對於很多企業來說是最重要的資產。站在管道管理的角度上，產品品牌透過對消費者的影響，完成對整個通路的影響。對於經銷商來講，一個品牌響亮的產品的作用是什麼呢？是利潤、是銷量、是形象，但是最關鍵的是銷售的效率。一般來講暢銷的產品價格是透明的，競爭是激烈的，不是企業利潤的主要來源。但是暢銷的產品需要經銷商的市場推廣力度比較小，所以經銷商的銷售成本比較少，還會帶動其他產品的銷售。這樣可以從其他產品上面找回來利潤，同時因為銷售速度較快，提高了經銷商資金的周轉速度。

企業只要在消費者層面上建立起自己的良好品牌形象，

就可以對通路施加影響。透過這個品牌給經銷商帶來銷售成本的降低，帶來銷售效率的提升，而銷售掌控通路。

服務策劃

一般來說，企業有專業的財務人員、銷售人員、管理人員和市場推廣人員，經銷商可能是親戚或朋友居多。很多經銷商在發展到一定的時期以後，非常想接受管理、行銷、人力資源方面的專業指導，企業可以根據經銷商的需求展開不同的培訓課程，對經銷商的業務人員，管理人員進行培訓。這樣可以提升經銷商人員的專業性，同時可以促進經銷商之間的知識交流，提高經銷商整體水準。在這樣的解決方案中，企業充當了老師的角色，經銷商充當了學生的角色，經銷商是按照老師的思路去運作的，企業在思想上面控制了經銷商，這樣的師生關係是牢不可破的。這樣的通路還會出現叛變的問題嗎？對於企業來講，培訓經銷商，幫助經銷商加強管理，這樣的投入，和市場推廣的投入相比較，要省很多。

終端策劃

企業直接和當地的零售店發生業務關係，透過直接對零售店的促銷活動炒熱了整個市場，使產品成為暢銷產品。這個時候主動權在企業的手上，再透過招商的方式選擇合適的經銷商來管理市場，完成通路的建設。具體的方法有幾種：

建立基本檔案。製作零售店分布的地圖、建立零售店檔案、建立主要店員檔案、建立競爭對手的檔案，建立經銷商檔案，建立廠家基本情況檔案。這些檔案要在例會的時候經常更新，確保基礎數據的準確性和完整性。

建立零售店的會員體系，定期舉行活動，增加零售店和廠家的連繫。企業要把促銷活動落實到終端。舉行零售店店員獎勵和零售店獎勵方式的活動，只有這樣促銷活動的結果才是有最大效果的，只有這種活動的展開才能增強終端與企業的感情，增強企業品牌的影響力。

培訓店員。零售店的店員在銷售中發揮的作用是最大的。對店員的培訓可以增加他對企業的認同，增加對產品的認同。有助於店員全面了解產品的效能和指標，增加銷售技巧。

以上只是掌控終端的幾個辦法。最根本的還是要有一個好的檔案，也就是當地市場狀況的基礎資料庫，在這個資料庫的基礎上，展開針對終端的拜訪和舉行各種直達終端的各項活動。

利益策劃

對經銷商的掌控除去服務方面，還要在利益上掌控，要給經銷商足夠的利益。換句話說，企業給經銷商的利潤要大於經銷商的純利。只有這個時候，才會讓經銷商在和企業分手的時候感到肉疼，才是企業說了算，才是掌控住了經銷商。具體有以下 5 種辦法：

增大自己的返利和折扣，使自己給經銷商的單位利潤加大；

增加自己產品的銷售量；

降低經銷商其他產品的銷量；

降低經銷商其他產品的單位利潤；

增加經銷商的費用。

企業可以透過以上 5 種方法，掌控經銷商而形成一流的通路，這樣也就能掌握行業的發展，實現真正的網路為王，樹立行業領導者的風範。

行銷通路的現狀與趨勢

在現代社會市場經濟制度下，企業大多採用通路行銷作為主要行銷模式。通路的選擇直接影響其行銷策略。但是隨著市場環境的日益變化，傳統的通路模式已經不能適應新形勢的需要，企業需要根據自身的發展狀況，以及行業市場的激烈競爭來不斷調整通路模式，以使企業的銷售量持續成長，促進企業快速發展。行銷通路是連線生產者與最終使用者之間的紐帶，作為市場行銷的基本要素之一，對於企業發展策略建設有著至關重要的作用。

傳統模式下的企業行銷通路是：廠商 ——— 總經銷商 —— 二級批發商 —— 三級批發商 —— 零售商 —— 消費者。這一市場管道存在嚴重缺陷，廠商和最終使用者之間包含的中間銷售機構的層級太多，這將直接影響消費者的權益。為了改變其模式，使廠家與消費者更直接、更便捷地交流溝通，採用「零級通路」、「一級通路」模式，能使廠商的業務及市場開拓面較寬，更深入了解使用者需求，更好掌握整體通路市場格局和動態。因此，目前企業行銷通路模式呈現出以下幾種發展趨勢：

直接行銷通路的重要性日益加強

隨著現代型企業的不斷湧現，很多企業的產品都有自己的優勢，包括專業性、技術含量等各方面，由於產品技術越來越複雜，中間商就很難為消費者提供較好的售後服務，例如，產品安裝、操作指導等，只能廠商與客戶直接交涉溝通，這就要求使用直接行銷通路；另外，在激烈的市場競爭下，企業希望能夠收集到更多的市場資訊，掌握產品策略，從而有利於產品的行銷及推廣。而中間商經營產品種類繁多，很難針對某個企業的產品進行推薦宣傳，客戶對產品的評價也無法及時回饋，所以有些企業為了彌補這一缺陷，就承擔起了產品分銷的工作。

加強行銷通路的整合

傳統行銷通路系統中，通路成員之間都是以各自的利益為出發點，獨立完成各自的職能。其存在的關係只是純粹的買賣關係，而很少重視相互間的交流合作。隨著市場環境的變化，要想適應其發展，使通路能夠高效運作，提高各自的經濟效益，就必須加強成員之間的協調統一，促進垂直行銷通路模式的發展。在這種新型整合的行銷通路下，廠商、批發商和零售商就要聯合成一體，由以前的「你、我」關係轉變為「我們」的關係，從以前的交易型活動方式轉變成夥伴型活動方式。這樣大家都以通路系統的利益最大化為目標，聯合在一起行銷，將會提高其經濟效益，提升行業地位，也是今後通路發展的重要方向。

直接零售的短通路的運用

目前，廠商為了使其產品能夠更好地打入並深入拓寬市場，積極創造行銷條件，也希望能夠掌握更豐富的市場資訊，以便廠商及時了解顧客的需求，這就需要廠商與消費者直接溝通。但是，對於一些大型的、產品多樣化的廠商來說，其客戶群體很多，如果直接與消費者進行行銷不切實際，因此，企業就採取減少通路行銷環節，縮短管道，繞過批發商直接供應零售商，既可以讓零售商獲得更多的經濟效益，同時自己也能獲得直銷的好處。隨著中間批發商與零售商的分工界線的淡化，縮短管道成為可能，但是對批發商來說，地位逐漸下降，其經營方式與零售商趨近相似。

零售終端實力增強

大型零售企業積極爭奪市場主導地位。隨著人民生活水準的日益提高，購買力的增強促使零售企業規模日益擴大，其競爭實力也逐漸成長。零售商繞過批發商，享受廠商的優惠價格銷售產品，同時也將與廠商進行價格戰，來盡可能獲得更大的利潤價值，還能夠利用其企業實力及聲望拓寬市場，與廠商爭奪市場支配地位。

電子行銷管道成為通路行銷的創新方式

隨著資訊技術時代的到來，電子行銷管道成為主流管道，其主要是指利用簡單、迅速的電子通訊方式使廠家與商家透過網路進行商務活動。與傳統方式相比，電子商務具有行銷效率高、費用低等特點，也能夠使行銷市場無限化，行銷方式具有多樣性、開放性。企業透過電子商務的平臺縮短了生產者與消費者之間的距離，節省了商品流通中經歷的諸多環節，從而降低產品價格，對消費者也是一種極大的優惠手法，其空間開放性又打破傳統行銷手法的局限性，從而使企業的通路行銷方式進入了一個新的階段。

總之，現階段企業的行銷通路建構處於一個發展建設的關鍵時期，應該從整體上把握好其可操作性，企業行銷管道的建設受到市場因素、環境因素等諸多因素的制約，所以要在總體上進行整體規劃，使其適應市場經濟體制的發展，創造更多的市場價值。

優勢策劃：資源整合

銷售通路發展趨勢一般來說，行銷通路按產品從廠家到消費者手中是否經過中間環節可以分為直接通路和間接通路。直接通路是指廠家透過自建銷售網點、郵寄、派遣行銷人員直接推銷等方式，直接把產品銷售到消費者手中，而不經過其他中間環節。由於沒有中間環節，企業一方面可以節省流通費用，降低成本，使產品具有價格優勢；另一方面，可以擁有更大的行銷自主權，迅速收集資料，對市場的變化做出反應，及時調整行銷策略而不會為中間商所掣肘。此外，直接通路還能為消費者提供便捷的購物管道以及示範講解、送貨上門等多項服務，更好地了解顧客的需求，做到按需供貨。

戴爾就是典型的利用直接通路進行銷售的企業。顧客透過電話、網站等多種管道訂購電腦，而戴爾則按顧客需求提供定製化的產品。在 2004 財年的第一財務季度中，戴爾季度營業額大幅攀升至 115 億美元，再度創公司歷史新高。戴爾公司董事長及執行長、公司創始人麥克·戴爾（Michael Dell）將所有這些業績的取得歸功於戴爾的「直銷模式」。

就連戴爾的死對頭惠普也不得不公開承認「直銷模式」的優越性，並決定在亞太市場全面加強「直銷」方式的行銷。不過，企業的人力財力是有限的，特別是那些新成立的中小企業，單憑自身資金實力和管理能力來建設和管理一個涵蓋整個市場的通路網路往往難度很大。

間接通路是指廠家透過中間商或代理商將產品銷售給消費者。按中間商或代理商層級的多少，間接通路可以分為一層、二層和三層管道等。間接通路的主要優點在於廠家可以達到迅速鋪貨、占領市場的目的。中間商和零售商往往有著廣泛的分銷網路，有能力使產品迅速地出現在消費者面前。不僅如此，有些中間商還可以彌補廠家在人力、財力方面的不足，為廠家節約開支和提供促銷支持。但間接通路缺點也是顯而易見的。首先，通路的加長意味著流通成本和產品價格的提高。同時也會帶來廠家控制通路能力下降和市場反應遲緩等問題。另外，由於某些中間商或零售商在整個產業鏈中所處的強勢地位，可能會壓榨廠家利潤空間，破壞廠家原有的通路體系和價格體系。

很多企業，在選擇分銷商時，都容易被成熟、大品牌的分銷商吸引，希望能夠藉助對方龐大的銷售網路、高素養的銷售人員、完善的管理、保障系統等，迅速使自己的產品進入目標市場。這種心態，頗有些像「嫁入豪門、一步登天」。

實際中，產品攀「高枝」的結果常常和「嫁入豪門」一樣。為了適應大型分銷商的要求，企業常常做出諸多犧牲，而當真正進入這些「婆家」以後，卻發現自己的產品根本不被重視。大分銷商有豐富的產品線、工作重心在鞏固既有的高利潤產品和開發最有潛力的產品上。夾雜在眾多的其他產品當中，除非是本身優勢非常明顯的產品，否則往往得不到重視，難以獲得「婆家」的有力支持幫助。企業自身的推廣、宣傳計畫也會由於分銷商的欠配合而無法鋪開。而如果用進一步扣點返利的低階做法吸引分銷商，又會造成分銷商低價傾銷產品，不僅無法獲利、還會造成產品定位混亂。而如果產品遲遲不出成績，又會被分銷商迅速淘汰，掃地出門，可謂得不償失。管道選擇應遵循以下原則：

到達目標市場原則

把商品傳遞到市場，是分銷管道的根本作用，自然也是挑選分銷商的根本原則。企業的目標是要把產品輸送到目標市場，最終使得對產品有購買需求的消費者或使用者能夠接觸和購買產品，選擇分銷商、建立相應通路，一定要為這一目的服務。分銷管理層應該牢記這一原則，特別關注分銷商在目標市場中擁有的資源，如直營店、子公司、加盟店以及控制的下級分銷商數量等。

獨立與合作原則

分銷商在自主經營、營運能力等方面應能夠適應企業分銷通路的各項要求。特別在扁平化的銷售管道中，中間環節少，一旦出現問題會迅速暴露在市場面前，無法補救，這就對分銷商的能力和分銷功能有更加嚴格的要求。通常，成熟的連鎖公司對於高級品牌有較好的銷售能力，其客戶群對價格接受性大，這類分銷商也能夠樹立品牌、提供滿意的技術支援和售後服務；而中小型百貨商店經營在低端產品、消耗品方面常常更有吸引力。分銷商並非越強越好，只要主攻方向適合產品需要，能夠承擔相應的銷售功能，就能夠建立通暢的分銷通路。

品牌效應原則

對品牌發展需求、希望樹立品牌效應的產品，選擇本身有良好口碑的成熟經銷商顯然更為合理。目標消費者或下級分銷商常更加信任這類分銷商，並願意以更高價格購買優質產品。依託這類分銷商本身的良好信譽，可以快速在消費者的心目中定位產品形象，為樹立品牌效應奠定基礎。

互利雙贏原則

廠家與經銷商的關係好比聯姻，雙方不僅要進行一單、兩單的生意，而是要作為策略合作夥伴，長期共同發展，形成一個對企業、分銷商、消費者均有利的良性循環。企業在充分意識到這一原則、運用這一原則的基礎上，也應該使分銷商充分意識到雙方具有共同利益。只有所有成員團結合作，使分銷管道有效運轉，才能夠共同獲利。因而，分銷商的合作意願、參與熱情以及分銷商與管道內其他成員的關係，也是企業需要考察的內容。上述原則從實質上反映了分銷管道成員的素養和合作品質，是依據企業建立分銷管道的根本目標而提出的。這些原則互為依託，從整體上反應了企業對分銷管道的需求和目的。按照這些原則來選擇分銷商，就可以確保分銷管道符合自身需要，也可以確保通路的有效執行。

通路策劃的六大錯誤

通路是連線企業和客戶的管道，企業的產品和服務，最終都得透過通路提供給客戶。如果沒有通暢的管道，再優質的產品和服務，不能抵達客戶手中，為客戶消費，這種產品和服務，也就不可能最終實現。所以，任何一個企業要在市場競爭中獲得有利地位，就必須強化通路建設，以打造出企業的通路競爭力。企業容易犯以下六種錯誤而導致通路建設的失敗：

各自為政，相互獨立

不同通路途徑，無論是在總體市場，還是在區域市場，沒有統一的計畫和策略進行協調整合。不同通路途徑之間沒有配合，沒有區隔，各自一套思路，各行其是，甚至連通路途徑間的相互通氣的工作也沒有人做。這種各自為政，專賣店是專賣店，代理商是代理商，商場是商場，不同管道之間不僅不能相互配合，甚至相互競爭，分別向客戶邀寵，使之更加嬌慣，提出越來越多的要求，迫使企業流血也得遷就滿足。一個品牌分隔在這種通路中，品牌價值也就難免貶值，失去應該有的優勢地位。

缺少溝通，沒有互動

現代通路的作用不是單向地進行產品輸送，而是雙向的溝通。這就是在把產品和服務傳遞給客戶的同時，也傳遞客戶的訊息。只有這樣，才能消除企業與客戶之間的距離，使企業市場開拓活動有的放矢。而通路僅僅是為了銷售而銷售，僅僅起了一個產品分配、傳送的作用，把產品傳遞給客戶。沒有人主動收集整理客戶的需求訊息，傳遞客戶的需求偏好變化訊息。企業與客戶之間只有產品的傳遞，沒有訊息的溝通。這就喪失了通路真正的作用。

店大欺客，代理一統

在企業的現實經營過程中，很多企業實行總代理方式，單一地依靠外部獨立的通路商與客戶進行溝通，使企業與客戶處於隔絕狀態。任何代理商都具有自己獨立的利益，代理商與生產商之間不可避免地會形成一種利益競爭，使生產商應該得到的利益也被代理商擠壓拿走。並且往往因為代理商一統天下的壟斷地位，甚至把生產商置於依附的境地，不得不向代理商一再做出不得已的讓步，使自身的發展後勁喪失殆盡。

層層管理，等級控制

建立自身相對自主的通路體系，相對於企業的持續穩定發展是必不可少的。但這種通路體系實行簡單的等級控制，層級過多，又會直接導致通路成本的增加，投入的失控。等級控制，相對於任何一個層級的被控制方而言，也都是對積極性的壓制。這也就不免降低通路體系的執行效率。這正是現實中不少企業不得不採取總代理經銷方式的一個重要原因。可建構企業的自主通路體系，並非一定要構成這種多層級的等級控制。

層級過多，效率低下

通路體系結構高尖，層級過多，是企業自主通路體系的一個共有特徵。這種層級越多，訊息的傳遞發生失真的機率就越大，對價值物的傳遞越會發生責任事故，造成損失。通路層級與通路效率是成反比的，通路層級越多，效率越低。如果在訊息、物流技術落後的情況下，是沒有選擇的選擇。那麼，在當今仍選擇結構高尖、層級過多的通路體系，則純屬自己的失誤。

任憑直覺，投入隨意

企業通路效益最大點，也是在各個通路的邊際收益為零時。可是通路建設投入、隨心所欲、憑直覺行事，沒有人做改良分析，會導致一些通路途徑投入過度，回報降低；另一些通路途徑卻投入不足，甚至完全沒有投入，導致許多裝在包裹的潛在市場也隨之流失。

第九章
網路行銷策劃，時代趨勢的必然選擇

現代社會新事物不斷湧現，消費者心理在這種趨勢的影響下，其消費理念已慢慢改觀，使得傳統行銷策劃方式穩定性降低，企業開始尋找與社會同步的行銷策劃方式，網路策劃行銷就是企業成長的必經之路。

特色鮮明的網路行銷策劃

隨著網路的快速發展，以及金融危機對傳統媒體的衝擊，網路行銷已經成為企業越來越依賴的行銷方式。那麼網路行銷是什麼？從狹義上說，就是在網路上賣東西，把你的商品賣給網友，這是最直白的網路行銷；而從廣義上來說，不僅是要在網路上賣東西，更要讓你的產品建立口碑，讓網友對你的產品建立信心，網路上賣的只是一部分，吸引網友到現實生活中去購買你的產品，將是另外的一部分。總而言之，網路行銷就是讓你的產品被所有的網友接受，不管他們是在網路上購買還是線上下購買，他們對品牌的熟悉，以及對商品的購買欲望，將有很大一部分來自於網路。

目前，由於缺乏專業的網路行銷技巧，使得許多企業的網路行銷在投放很多資金後，效果都不怎麼明顯，網路行銷真的沒有效果嗎？也許，只能說企業缺乏對網路行銷的認識。

網路行銷的幾大鮮明特徵

網路行銷的載體是網路，離開了網路的行銷就不能算是網路行銷。與傳統的紙介媒體、電視媒體以及戶外媒體為傳播平臺的行銷推廣相比較，它具有以下幾個鮮明特色：

不受時空限制。網路能夠超越時間約束和空間限制進行資訊交換，時時刻刻都有人上網，所以時時刻刻你的產品都可以展現在網友的面前。

多種行銷形式。網路被設計為可以傳輸多種訊息的媒體，如文字、聲音、影像等訊息，使得為達成交易進行的訊息交換能以多種形式存在和交換，增加人們的直觀感受。

個性化的互動式溝通。網路為產品聯合設計、商品訊息釋出及各項技術服務提供最佳工具。而且網路上的促銷是一對一的、理性的、消費者主導的、非強迫性的、循序漸進式的。商家透過展示商品影像，透過商品訊息資料庫提供相關的查詢，來實現供需互動與雙向溝通。還可以進行產品測試與消費者滿意調查等活動。

目前網路使用者數量快速成長遍及全球，他們多屬年輕中產階級，教育水準高，由於這部分群體購買力強而且具有很強的市場影響力，因此，進行網路行銷推廣，必須深刻掌握這部分閱聽人的心理，知道他們想要什麼，想買什麼，想看什麼。

網路行銷的銷售形式與特點

網路行銷管道在目前情況下，主要有兩種：電子訂單和非電子訂單銷售。但不論哪種銷售形式，對於網路來說，一是主要承擔媒體的功能，網路行銷主要展現為網路推廣，即透過網路的媒體平臺，讓目標使用者接收和接受企業的相關訊息，樹立和提高品牌及產品的知名度和信譽，為銷售提供機會和可能；二是實現互動功能，使用者可以透過網路平臺與企業進行互動，了解產品訊息，進而決定是否購買產品。顯而易見，只有在發揮第一個功能的前提下，第二個功能才可以成為可能，從這個意義上說，只有那些使用者可見的訊息才能轉化為銷售，才能推廣成為銷售管道。

網路行銷企劃書的三大步驟

如何做好網路行銷策劃工作呢？下面具體分析網路行銷策劃的三大步驟，希望能幫助企業實現網路行銷目標。

第一步：明白行銷目標策劃是什麼？策劃是為了實現行銷目標的計畫，因此其目的性是非常強的，我們必須要明白行銷目標和方向，並且按照這個目標去設計出具體的行動方案，從而幫助企業做好網路行銷工作。

第二步：收集資料並分析數據資料是策劃的基礎。沒有資料就不能策劃，所以收集資料非常重要，希望企業能收集更多高品質、有價值的資訊，這對網路行銷策劃非常重要。企業必須要將其作為主要工作去做。

第三步：制定準確的策劃方案。這也是網路行銷策劃的重要部分，在這個過程中需講究網站策劃方案的創新性，加大創新力度，這是企業必須要做好的。

潛移默化地影響網友思維

在網路行銷時代，企業該怎樣在不知不覺中影響網友的思維，引導消費呢？以下幾種是目前企業最常用的手法：

新聞事件很有用

為什麼說新聞事件很有用？很簡單，由於網路文化屬於速食文化系列，因此風格嚴肅的話題並不容易達到行銷的效果。相反，由於網路文化本身植根於網友的休閒生活之中，要想讓網友有耳目一新之感，讓他們樂於去點選、了解你所放出來的行銷策劃，以適度的新聞來增加行銷的口味和刺激性是必須的。這絕不僅僅只是「煽情」二字可以概括的。

逆向思考有效果

很多時候，網路行銷較多地採用正面的、絕對的模式進行創意。這樣做很容易形成模式化的特徵，很容易產生網友對這些重覆再重覆的推廣方式的「審美疲勞」。

這時我們不妨採取一種逆向思考方式，也許某些時候會發揮「柳暗花明又一村」的功效。2005 年，一個叫做「吃垮必勝客」的貼文，曾一度在網路上熱傳。該貼文的「出爐」，正是針對當時人們普遍對必勝客水果蔬菜沙拉的高價極為不滿，提供了很多種多盛食物的「祕方」。為此，許多人看到後感到非常新奇有趣，躍躍欲試，而且「沙拉塔」的樣式和建築技巧也在不斷被創新，網友的參與熱情和嘗試熱情不斷提升，甚至不少人發了自己更高明的傑作在網路上炫耀，成了眾人矚目的焦點。其結果可以想像，隨著貼文點閱率的極速飆升，必勝客的顧客流量迅速成長。

必勝客這一事件行銷的成功，關鍵就在於對消費者「不滿」時機的把握恰到好處。必勝客表面上採取背水一戰的方式，不惜自毀形象，在網路上散布「不利於」自己的流言。然而實際上很準確地拿捏住了穴位和癥結。在它自己主導的這樣一次「自殺式」行銷中，它掌握了自毀的主動權，透過貼文，成功煽動起了消費者對必勝客食品價格的仇恨（注意並不是對必勝客的仇恨），同時透過貼文巧妙引導，讓消費者對必勝客食品價格的仇恨不至於變成對其的抵制，而是要消費者用實際行動，去必勝客消費，透過有趣的堆砌沙拉塔的方式來發洩自己的不滿，從而實現「吃垮必勝客」的可能。結果呢，必勝客非但沒有吃垮，藉助這個 32 元一份的「只要碗能裝，多少不限量」的自助沙拉，非常成功地贏得了大量的顧客。

一招鮮吃遍天

網路行銷離不開創意，只有具有新穎性和創造性的想法，才能吸引人們的眼球。

一招也可重覆用

創意第一次使用是經典，第二次使用則是垃圾。但如果稍加改變，則可能將相同的創意取得二次行銷的效果，但記住不要簡單模仿。

索尼在行銷中，最大的賣點就在於互動，讓玩家參與產品的設計，這在電視媒體時代是根本不可能的，而索尼提供了可能性。這其實不是索尼第一次使出這個招數，或許很多人都對索尼出品的 PS 系列遊戲機有印象。它們在最初推出此遊戲機之時，在電視上推出了大量有著同一主題元素的電視廣告片，電視廣告片中所有的場景都是不可能實現的事件卻被實現了，而共同的訴求就是告訴你，在 PS 遊戲機上，你所有的夢想都可以得到實現。而後來，索尼將這一經典創意從遊戲機上搬到了液晶電視推廣上，將電視廣告變成了虛擬加現實的雙重結合，同一主題的二次創意行銷，換一換角度，換一換思路，同樣產生了極好的效果。

千萬別「哄騙」

進行行銷策劃一定不要「哄騙」，這麼一說，或許有不少人會覺得可笑。因為不少出名的炒作恰恰是建立在「哄騙」的基礎上的。首先不斷地引導你去好奇，去猜測，最後大幕拉開，原來還是廣告。在某種程度上，這是引導式行銷，但實際操作中，很多網路行銷策劃者在過程上非常不注意，結果導致了行銷上的失敗，並偏離了真實。

必須要記住一點，如果你的整個網路行銷策劃是建立在「哄騙」的基礎之上，或許一兩次狼來了不會有人識破，但天長日久，自然會頻頻失誤。

策劃重點與網路焦點的結合

網路上每天都有熱門事件發生，並且總有一些會成為全民矚目的焦點。作為行銷策劃者需要懂得順應大環境，透過網路流行熱門造勢，有句話說得好，「事發時我在」，這樣就會節省很多精力和成本。在焦點事件面前，對大企業來說是個塑造品牌的絕佳機會，他們資金較為雄厚；而很多中小企業，則放棄了這樣的機會，他們往往認為自己心有餘而力不足。其實行銷的機會無處不在，關鍵在於我們是不是可以另闢蹊徑，甚至是有點奇思妙想。個性化的行銷策略，只要方法得當，構思巧妙，所產生的效果絲毫不會遜色於那些資金雄厚的大企業。那麼如何利用事件來進行網路行銷策劃呢？下面與大家解析一下「焦點行銷」的五大原則和方法：

尋找有民眾可參與的「事件」

要想焦點行銷能造成顯著的效果，首先要有民眾可參與的事件。在此前提下如果能夠很好地策劃、利用某一事件來激發人們的好奇心理，行銷者就會收到良好的市場促銷效果。

對新聞焦點行銷來說，影響的範圍越大自然效果就會越好。往往行銷失敗的主因就是缺乏民眾的參與，也就是說策劃行銷的主體事件，沒有足夠的影響力和吸引力。所謂熱門事件就是最近發生的，具有一定影響力的，能夠吸引人關注搜尋的，有一定的波及範圍和代表性意義的事件。網路給出的釋義有以下 4 點：

(1) 比喻興盛的、吸引人注意力的事物；
(2) 指能吸引許多人的事物；
(3) 形容事物閱聽人人關注、歡迎等；
(4) 比喻時興的引人注目或吸引人的事物。

無論是哪一點釋義，都包含「吸引人」這一要素。由此可見，吸引人，是熱門事件的一大特性。

挖掘有價值的新聞焦點，巧妙做「嫁接」

社會上每天都會發生大小的事件，每一件事都有可能成為新聞，這就要看觀察者的敏銳洞察力了。一次成功的新聞事件行銷有時需要機遇，但更重要的就是觀察力和想像力。找到新聞焦點後，最重要的問題就是怎麼把公司和產品或者概念嵌入到新聞之中，最好要嵌入得不露痕跡，才能達到借勢傳播的效果。

與消費者互動，尋找溝通趣味點

很多的事件都是需要自己精心策劃後再執行的，而事件行銷策劃必須與自身的宣傳目的有著密切的連繫。一些大事件總能引起社會關注和民眾的興趣，只要我們找到合適的切入點，巧妙地把企業、產物和事件結合起來，然後盡量讓消費者自發參與進去，以溝通來創造事件之外的真正價值。實踐證明，一種能吸引消費者參與互動的行銷方式，往往會取得較好的回報。

整合各種資源，再造新聞焦點

要知道新聞不炒作就沒有價值。很多企業做了公益，甚至民眾都不知曉。首先，整合當時的熱門時事，也就是事件行銷；其次，整合各大媒體資源，以論壇資源為主以及網路新聞等免費資源進行宣傳。正因為如此，透過當時的社會活動，加上網路媒體的宣傳，用 1 億的捐款換來了至少 10 億才能做到的廣告宣傳效果，取得了豐厚的回報。

制定不同階段的行銷策略與方案

熱門新聞事件是稀缺資源。這就要求企業在新聞事件行銷的實行過程中，即使是一個很小的事件也要進行分次傳播，以求達到行銷的最大化。在媒體閱聽人細分的當今，企業完全可以根據不同媒體制定不同的新聞方向，透過分層級、分時間段地進行新聞滲透，讓企業品牌在一個新聞事件中得到最長時間和最大規模的傳播。同時，企業在根據新聞焦點推出行銷活動時，必須重視與媒體的溝通。這將向媒體展現企業迅速有力的品牌執行力，從而透過媒體向大眾展現企業的活躍形象。

但是要謹記，任何的事件行銷策劃都是一把雙面刃，成功的事件行銷往往能夠以廉價的成本吸引眾多消費者的關注，迅速提升企業形象，擴大品牌的知名度、信譽，但如果運作不好也可能為企業帶來難以挽回的負面影響。所以，企業在展開事件行銷時，要注意風險的預測與控制。

案例　星巴克的愛情公寓虛擬旗艦店

星巴克一直以來採用的都不是傳統的行銷手法，而是採取頗具創意的新媒體形式。此次星巴克聯手 SNS 網站愛情公寓嘗試虛擬行銷，將星巴克商標做成愛情公寓裡「虛擬指路牌」廣告，是星巴克首次嘗試 SNS 行銷。iPart 愛情公寓是以白領女性跟大學女生為主軸設計的交友社群網站（Female Social Networking），盡全力幫網友打造一個女生喜愛的溫馨交友網站。品牌形象中心思想關鍵詞為：清新、幸福、溫馨、戀愛、時尚、文藝、流行。

第一間虛擬星巴克咖啡店

在愛情公寓的虛擬公寓大街內建造一個星巴克咖啡店，在虛擬世界裡的星巴克也營造「溫馨舒適的好去處」的感覺，不分時間不分地點，隨時隨地都可以看見星巴克。同時，線上活動結合了線下活動的概念，讓禮包和實體店面同樣以大禮盒的形象出現。

事件的製作過程

從 2012 年 12 月 1 日開始，星巴克不僅將店面封裝到巨大的禮盒中，更在愛情公寓網站上做成了頗具創意的「虛擬指路牌」，並且還以倒數計時的方式，等著你好奇地線上上或者去線下看看 12 月 12 日星巴克的「Open Red Day」到底是什麼，全球品牌網把第一次的神祕一下子都曝光出來。

1.（禮包展開前）神祕禮物活動暖身

活動正式開始之前的暖身方式，採用神祕禮物與星巴克情緣分享的方式進行。

首先，神祕禮包。線上活動結合了線下活動的概念，送給網友神祕禮物，便會出現在網友小屋當中，虛擬的神祕禮包與實體的星巴克同日開張，禮包和實體店面同樣以大禮盒的形象出現。

其次，星巴克情緣分享。網友上傳自己生活當中與星巴克接觸的照片並寫下感言，以口碑與體驗的方式來塑造出星巴克式的生活態度這種做法是被大家認可、歡迎的。

2.（禮包展開後）品牌旗艦店

打造一個品牌大街，與繁華的鬧市區不同，Starbucks 小店另開在嶄新的公寓大街區域，提供具質感的品牌大街。虛擬的星巴克店家設計中，延續實體店家的溫馨舒適感。並且，店家周圍環境設計以享受生活的感覺為主，不過度熱鬧繁華，以高品質的生活感受來突顯品牌的層次感。另外，結合愛情公寓內的產品來提升曝光度與網友參與、互動，讓網友更加了解品牌個性與特色所在。

見面禮：設計專屬禮品，來到虛擬店家就可以領取或送好友。

活動專區、公布欄：Starbucks 線上及線下活動報導，大量的曝光讓參與程度提升，分享關於 Starbucks 的訊息及新聞，引起各種話題討論和增加網友的互動。

咖啡小教室：咖啡達人教室，固定的咖啡文化或相關教室資訊，讓網友了解更多關於咖啡的文化。

3. 投放立意：第三空間—除了家和辦公室外的第 3 個好去處

延伸星巴克第三空間的概念，強化「星巴克是除了家、辦公室之外，第三個好去處」之概念，在公寓大街打造星巴克的店面，並且劃出一塊具有質感的區塊，不在熱鬧的市區當中，深化星巴克的內涵。在虛擬的星巴克中，延續實體店家的溫馨舒適感，傳遞出可以是獨自享受的、互相分享的、體驗新事物的氛圍空間。

組織事件行銷活動並推廣

虛擬咖啡店延伸實體星巴克第三空間的概念，並且把重點放在 Starbucks 自己舉辦的活動上，特別追蹤報導及推廣宣傳 Starbucks 活動，引導 iPart 的網友也參與其中。

虛擬星巴克咖啡店帶來的啟示

首先，星巴克在愛情公寓的虛擬店面植入性行銷被眾多業界人士稱讚，甚至成為哈佛大學教授口中的案例。星巴克想讓他們的消費者了解到他們的態度，因此他們做了一系列活動，包括從品牌形象到虛擬分店開幕、新產品推出，再到贈送消費者真實的優惠券等。這一系列行銷非常符合星巴克的願望 —— 不讓消費者覺得他們是在做廣告。這是很成功的。但是，如果星巴克每天傳訊息告訴你哪裡有他們新開的店面，哪裡有新出的產品，讓你趕快來買他們的產品，短時間可能會造成銷售的效果，但是這種不斷的強迫行為會讓消費者產生強烈的厭煩之感，反而會徹底毀滅星巴克在消費者心中良好的形象。

第十章
企業家個人品牌策劃，亮出最佳形象

每一家成功企業的後面都有一位出色的企業家，他們的一舉一動都代表著企業的形象，傳播著企業、品牌給大眾帶來的資訊或者利益。按照愛屋及烏的理論，如果你對一位企業家有好感，也會對其公司的產品和服務有好感，反之亦然。

個人品牌策劃的意義

你的品牌就是你的身價！那麼，怎樣理解個人品牌價值呢？別人為什麼會選擇我們？我們能為別人帶來什麼，這就是個人品牌價值。即是說，如果我把自己當成一件產品，我會如何推銷我自己？我帶給客戶的最大利益是什麼？

「21 世紀的工作生存法則就是建立個人品牌。」這是美國管理學者彼得斯（Tom Peters）的一句名言。他認為，不只是企業、產品需要建立品牌，個人也需要建立個人品牌。在這個競爭越來越激烈的時代，不論在什麼樣的企業裡面，要讓人們認識你、接受你，首先你要充分表現自己的能力。倘若你埋頭工作卻不被人認識，你的傑出表現就會被鋪天蓋地的訊息所淹沒，因此，個體的價值被認識比什麼都重要，要想推動個人成功，要想擁有和諧愉快的生活，每個人都需要像那些明星一樣，建立起自己鮮明個性的「個人品牌」，讓大家都真正理解並完全認可，只有這樣，才能擁有持續發展的事業。

同時，「個人品牌是指在特定的工作中顯示出的獨特的、不同於一般的價值，以個人為傳播載體，具有鮮明個性特徵，符合大眾的消費心理或審美需求，能被社會廣泛接受並長期認同，可轉化為商業價值的一種資源。」一位專家如此評價個人品牌的商業價值。好的個人品牌是新的個人成長模式，也是一種新的行銷模式。如賈伯斯，在消費者的心中，賈伯斯就是蘋果，蘋果就是賈伯斯的化身，他們已經融為一體。買蘋果或成為果粉大多與賈伯斯有些關聯。

CEO 品牌作為個人品牌的一個頂級表現，具有了個人品牌和企業品牌的雙重特徵。企業透過 CEO 個人品牌形象或內在修養所傳遞的獨特的、鮮明的、確定的、易被感知的特徵，足以引起群體消費認知及消費模式的改變。美國著名家電公司惠普執行總裁惠特曼 (Meg Whitman) 說：「如果我們擁有客戶忠誠的品牌，那麼這就是其他競爭廠家無法複製的一個優勢。」「商海沉浮，適者生存」，成功打造 CEO 個人品牌也是企業競爭的取勝之道之一。那麼如何建立一個 CEO 的品牌呢？

首先，要進行「品牌定位」。企業創造品牌的標準方法是「特色 —— 利益」模式，企業思考它所提供的產品或服務的特色，能為客戶或是顧客帶去什麼特殊的利益。這套方法同樣可以運用在 CEO 品牌的建立上。

其次，打造豐富內涵的優秀形象。彼得．杜拉克 (Peter Ferdinand Drucker) 在著作中指出：「現在個人專長的壽命，比企業的壽命長。」如何將自己的能力和風格形成一個特色，具備不可替代的價值，是建立 CEO 品牌的關鍵。CEO 的形象塑造可以分為對外與對內兩個方面。對內的對象包括員工、管理層和股東，對這 3 類族群要從不同的角度塑造 CEO 的形象。對外部的顧客、合作夥伴、政府和媒體採取的應該是更為謹慎的策略。在如今的網路時代，人們很多時間透過部落格以及 MSN 等 IM 軟體對外進行溝通與交流。因此，我們也不能忽略網路上的形象。

最後，持續的品牌累積過程。建立 CEO 品牌是一個長期的過程，要不斷用各種方法持續地豐滿 CEO 形象。

塑造個性化的企業家形象

企業家個人品牌，實際上是區分標誌。你的品牌只屬於你自己，真實地反映你和你所相信的東西。企業家的個人品牌是具有商業價值的一種社會資源，所以，企業家塑造個人品牌非常有必要性，那麼該如何借鑑品牌的成型模型，塑造良好的個人品牌呢？

個人品牌塑造的成型模型

個人品牌的基本類型有：直線型、馬鞍型、駝峰型、下坡型、45°型。其中，駝峰型和45°型屬於健康型的個人品牌。另外，直線型、馬鞍型、下坡型屬於不健康類型的個人品牌。

駝峰型：這種類型的人一生動盪起伏，個人品牌也隨之多變，從波峰滑到波谷，從波谷又升至波峰。隨著生命時間的推移，影響力不斷擴大。這樣良好的個人品牌與其他類型的個人品牌相比較，往往更具有活力、魅力、清晰可感知、耀眼等個性。

45°型：只有沿45°穩步上升的個人品牌曲線才是最好的

發展態勢。隨著時間的推移，個人品牌在不斷的累積和努力中穩步成長，不求大於45°的冒進，也不能安於現狀缺乏主動性。在中庸的角度，做最好的努力，這樣，個人品牌的發展就是最健康的，也最切實可行。

直線型：這種類型的個人品牌發展缺乏變化，沒有成長，展現不出個人的奮鬥和努力，個人影響力沒有擴展。有一份固定的工作，有一個固定的生活圈子、工作夥伴和親戚朋友，無所謂個人品牌的經營，大部分人可能就是這樣一種情況。從出生到死亡，其個人品牌影響力只作用於很小範圍的一部分群體。

馬鞍型：這種類型的個人品牌隨著自己事業的發展而達到高峰，可是又因為自己的事業低落而處於谷底，由事業的再次興旺而逐漸發展。

下坡型：這種人的個人品牌一度達至巔峰，而因為某些方面顯露出來的問題，造成了不良的社會反應，使得其個人信譽度急轉直下，個人品牌曲線即呈下坡型。

在設計個人品牌時可以把健康型的個人品牌與生命週期結合加以考慮，可以按照生命週期的不同時期，分析個人品牌在不同階段的發展過程。一般生命週期可分為產生期、成長期、成熟期、衰退期四個階段，結合個人品牌設計後可以得出完整的健康式個人品牌發展模式。產生期是探索階段，成長期是確立階段，成熟期是維持和發展階段，衰退期是緩慢的上升階段。在衰退期上升的速度減緩，甚至慢於在產生期和成長期的影響力擴大速度，但是良好的完整的個人品牌總體趨勢仍然是上升，甚至有個別人在這個時期達到影響最高點，並經久不衰。

如何塑造良好的個人品牌

好的個人品牌可以為人們的生產生活帶來極大的物質和精神效應，那麼，我們該如何去快、精、準地塑造自己的個人品牌，讓自己的個性魅力大放光彩呢？可以從以下幾個方面來實施。

首先，必須清楚自己是誰，要明白什麼樣子的定位是適合自己的。麥可·舒馬克（Michael Schumacher）是車迷的夢想，熱愛生活的化身；比爾蓋茲是知識經濟的象徵、是財富觀念的崇高者。雖然他們都是公眾人物，但他們給自己的定位卻明顯不同。只有塑造出自己的獨特標記，並進行持久不斷的宣傳，才能進入大眾的記憶核心，成功塑造出自己的品牌形象。

其次，要不斷提升自我素養和競爭能力。只有具備良好的個人素養，才能打造自己的核心競爭力，才能在這個競爭激烈的現代社會爭得一席之地，不被時代浪潮所吞噬。競爭能力的打造，需要透過不斷地學習和累積，透過理論與實踐的結合，在實踐中提升自己的個人素養。現實的個人品牌中既有後天學習而成的個人專業技能，同時兼有先天所擁有的特殊優勢。

再次，要打造良好的個人信譽。在信用制度逐漸體系化的今天，個人信用在日常生活和人際交往中發揮著越來越大的作用。人的交往是很微妙的，社會生活是一個團體性的活動，工作與生活、成功與發展都離不開和人交往，除非你想使自己孤立地存在，否則你必須講信用。個人信用是一種無形財富，其作用與影響是無法猜想的，在相當程度上會決定一個人是否能擁有良好的個人品牌。因此要贏得社會的認可和肯定，塑造良好的個人品牌，建立信譽是根本。

最後，在這個時代，必須學會毛遂自薦，學會自我推銷。個人要主動找尋平臺，展示自我，創造價值。因此，個人必須想方設法在目標閱聽人中，提升個人品牌的知名度和信譽，占領目標閱聽人的心智資源，讓目標閱聽人認可「個人品牌」，從而可以在一定程度上「左右」個人品牌的價值。

成功的個人品牌能為一個人帶來的影響力，往往超過其他的個人資產。美國管理學家彼得斯提出 21 世紀工作生存法則就是建立個人品牌。個人品牌是商品經濟的產物和需要，必然隨著市場經濟的發展而發展，也會隨著時間的流逝而產生變化，要保持個人的品牌意識和時代意識。不同的歷史時期，不同的國家，不同的歷史文化，要有不同的個人品牌塑造策略。

建立個人品牌時的建議

品牌的塑造需要很長的時間。可口可樂公司和蘋果公司的品牌都不是在一天之內塑造成功的，個人品牌的塑造也是一樣。個人品牌的塑造，是你與你周圍人的一個長期合作的關係，他們透過與你相處的經驗來建立信任感。許多人或急於開始建立個人品牌，或是沒有注意到哪些是他們已經交流過的品牌。或是沒有把他們自己表現出來，或者沒有意識到如何表現出適當的相互影響力，一旦這種事情發生就很難再重新建立個人品牌。透過學習別人犯的錯誤，你會在競爭中領先其他人。以下是人們在建個人品牌時最容易犯的 3 種錯誤：

你過度推銷了嗎

當人們意識到要開始建立個人品牌的時候，常見的做法就是不斷地自我推銷。從大肆宣傳最新資訊，到在部落格中不斷更新，其實過度的自我推銷只會把別人都嚇跑。往往那些最受歡迎的人，都是樂於傾聽和學習其他人的人；他們會談論其他所有人，除了他們自己。當你堅持自我推銷超過別人的底線，並且對別人毫不關心的時候，你就會失去追隨者，甚至被人排斥。

避免給別人留下過度自我推銷印象的方法就是為人們提供一些有價值的資訊，那樣關注你的人是可以接受你偶爾的自我推薦訊息的，而且他們還很有可能分享這些訊息來支持你。提供有價值的資訊，比如分享一篇新的文章，一段摘句，一個事件真相，甚至提一個問題都可以讓人們注意到你，而且也可以讓你的品牌更具人性化。

你夠特別嗎

如果你把自己定位成與其他人一樣，你就喪失了原創性，而且你也很難在人群中脫穎而出並吸引到對的人來注意你了。模仿其他的個人品牌，你就會變成很多的背景噪聲中的一個。那麼要如何解決個人品牌在社會上立足的問題呢？大公司可以根據地理位置以及人口特徵來劃分他們的市場區域。個人也可以借鑑此種方法。不要只籠統地幫自己定位。當你的定位越是具體，就越容易引起人群的注意。如果你去搜尋「社工」，搜尋結果的第一個條目肯定不是你，但是如果你把搜尋的範圍縮小並加上一些細節，那麼你就可能會出現在搜尋結果的首位。

你有連續性嗎

不要認為人們會一直記得你。你看那些大公司不會因為地點的不同而更換公司的標誌和口號；同樣地，你也不應該

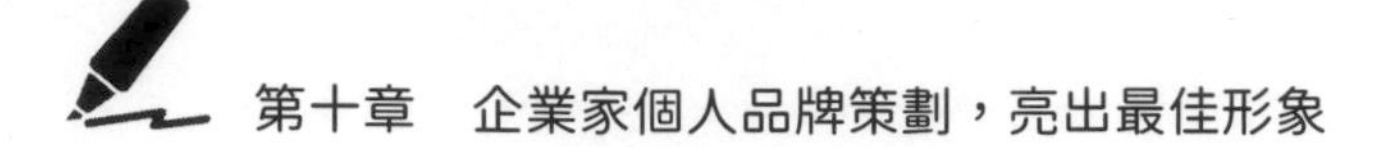

在網路上你的那些空間中使用不同的頭貼。在 Facebook 和部落格中使用不同的頭貼，會使那些追蹤你的人覺得困惑。你在每一個地方使用相同的頭貼，其實會讓人們對你的認識增強，這樣人們才可以開始跟隨你的足跡。另外就是你的使用者名，如果你本名叫光或者艾美，但你更願意被稱為馬特或者麥克，那麼就在外界一直使用那個名字。同樣，個人資料裡面所寫的你所經歷的事情，以及你所服務的對象群體，也應該保持一致。要記住的是，隨著你的事業的加速發展，你要在各處及時更新你的資訊。鑑於此，用一個電子表格來記錄你上次更新個人資料的時間，應該是明智的舉動。

網路時代的個人品牌建立

對品牌而言，無論是你的公司或是自己，始終一致是至關重要的。品牌的概念是某些名稱、影像或設計，這些要素所形成的一種形象認知度，整體來講它屬於一種無形資產。如果你的名字或影像一直在不斷變化，那麼它怎麼可能成功呢？

始終如一地保持相同的使用者名稱

無論是在什麼地方註冊服務，都要堅持使用完全相同的使用者名稱。你應該在每一個系統都使用相同的名稱，包括所有的即時通訊軟體（Skype、AIM、MSN、Yahoo! 奇摩即時通等），任何社交網站中建立的個人資料或頁面（Facebook、Myspace、Twitter、Linkedln、Flickr、Bebo 等）， 以及你使用的任何一個社會化媒體（Digg、StumbleUpon、Reddit、del.icio.us 等）。此外，你和他人溝通使用的電子郵件名稱也應該使用這個名字，並且這個郵件要在公司文件或者市場行銷中使用。選擇一個使用者名稱，堅持下去，每次都使用同樣的拼寫和結構。對於我的部落格來說，我一直使用光這個名字，從來沒有改變，除非別人搶先註冊這個名字。

不要時時變化資料影像

當你在一個 Web 服務上建立一個帳戶的時候，大多數系統會要求你上傳個人資料圖片。請讓你註冊的每一項服務都使用同一張圖片。如果你是要宣傳公司的品牌，那麼使用公司的 LOGO。如果你想建立自己的個人品牌，那就在所有的 Web 服務中使用完全相同的頭貼。

公司 LOGO 圖片以及很小的 Favicon 小圖示對於公司品牌建立是很有幫助的，所以要盡量使用這 2 個代表影像。

請保持一致的設計風格

有些網站是有固定的統一模式的，如 Facebook，但對於另一些網站，如 Myspace 和 Twitter 等，我們可以使用自定義的模板，這樣我們就可以在個人資料上使用同一個背景和 LOGO 圖片，如果有可能的話，在你的部落格或者網站上也使用相同的設計模板。這樣，人們可以加深對你的印象。

請使用電子郵件簽名

這個聽起來似乎沒什麼必要，但實際上，電子郵件仍然是最受歡迎的進行交流和工作的方式。因為處理郵件是很多人每天必須的工作。所以你應該做一些設定，保持你的電子郵件一致。最簡單的方法就是建立一個電子郵件簽名，它會在發送郵件的時候自動新增到每個電子郵件的底部。對於論壇來說也是相同的道理。

推廣你的品牌

為了使你的個人品牌獲得成功，你要在各種不同的使用者群中顯得出眾，首先確保你已經做好了一個最基本的網站，並建立了一個郵件地址。這些可以在各類社交網站或社會化媒體上使用。你還應該有至少一個即時通訊帳戶。在這之後，你應該搜尋一下同行的部落格，並參與評論和留言，注意要使用相同的頭貼和使用者名稱，使用 Gravatar 可以自動完成這個功能。

最後，你需要花一些時間來瀏覽和你部落格主題相關的社交類網站，並在上面建立個人檔案。這些社交類網站包括論壇、SNS 網站、行業會議網站等。

但是，切記不能在過多的網站中推廣你的品牌形象。雖然在大量網站上宣傳似乎很美好，但同樣重要的是，你是那些網路的貢獻者。只有積極參與到社交網路的交流中，才能較為順利地推廣個人品牌，而如果推廣的網站太多，則沒有人能有那麼多精力放在上面。

整體而言，雖然個人品牌不會直接幫你的部落格帶來流量，並且個人品牌是否算是成功很難衡量，但歷史已經證明，具有良好品牌的公司在業界會得到越來越多的認同並成為行業領袖。

企業家個人品牌策劃的七大陷阱

一些企業家憑藉個人的修養和對企業營運的成功經驗不斷強化自身形象，創新自我形象，提高了自身形象對於企業、品牌的影響力，但因為對企業家品牌建立的模式與內涵缺乏充分的了解，所以也常常容易掉入以下七大陷阱之中：

個人品牌定位模糊

企業家在別人心目中是什麼形象，別人在背後如何議論自己，企業家並不了解，其中的原因很多——企業家害怕自己所聽到的、企業家太在乎別人對自己的看法、企業家缺乏自省意識等。結果就導致了企業家對自己的個人品牌缺乏了解，或者是企業家的語言、行為展現出的個人品牌形象出現斷層、不連貫。企業家害怕爭議，試圖取悅所有的人，但最終卻模糊了個人品牌的定位。

個人聲望重於企業名氣

我們可分別從個人、企業和產品的影響力和知名度來衡量一個企業家的聲望。一個成熟的制度應該是激勵企業家透過自身的聲望去營造產品和企業的影響力，前者是工具，後

者才是目標，從而使企業在一旦離開他時仍能繼續發展與生存下去。亨利 · 福特 (Henry Ford) 因其發明 T 形車和分工合作的生產線生產方式而全球著名，以至於 1 個世紀過去了，企業家換了好幾代，福特公司還保持著青春活力；而一些企業，企業家努力以企業資源去建立其個人聲望，以企業為工具打造個人品牌，從而使企業無法離開自己，這樣做的後果不免會破壞企業的未來發展。

不注意自身形象

企業家形象是企業形象、品牌形象的集中展現，娛樂明星的緋聞或許能增加自己的人氣，但明星企業家的生活作風稍有問題，卻可能影響整個企業形象，最後影響企業經營。企業家的經營手法若違反某種共認的道德準則，一旦揭露出來，也會為企業帶來災難。

做秀重於練內功

在現代資訊社會裡，企業的發展離不開廣告、運作、策劃等宣傳手法，但企業的根基還是其是否具有核心競爭力並能帶來利潤的產品和品牌。

某些企業家過度依賴宣傳，務虛重於務實，常常熱衷於炒作、策劃、玩空手道等，疏於以產品和品牌經營為主要內容的實業發展、制度建設和內部管理。水行舟止，物極必反，過度的炒作和誇張的亮相，可能使所有努力功虧一旦。一旦大眾發現這些由企業界菁英構成的明星方隊中，有濫竽充數的南郭先生，一旦發現他們中許多人所擁有的實力僅僅只是「做秀」的功夫，那麼真正受損的，除了「做秀者」本人，還有整個企業家群體。

創業重於創新

一旦創業成功了，不少企業家就陷入經驗主義，擺脫不了家族管理的老路，不再具有冒風險的創新意識，從而銳氣日衰。我們知道，企業家在觀念、技術、制度、管理、產品、市場行銷等方面的不斷創新是企業具有持續捕捉盈利機會和永續生存能力的關鍵。當企業家失去創新的意識和能力時，企業就很快從轟轟烈烈的創業階段走向守業、衰退，甚至死亡。

人治重於法治

一家成功的企業應該靠制度來約束相關當事人的行為，要在企業裡建構出資人、經理人與生產者之間相互制衡、相互約束的機制，完善企業的治理結構。很多企業家則熱衷於營造個人在企業裡的絕對權威，頗有「朕就是真理」的氣度，大事小事都由一人拍板，即使有制度也只是在牆上掛掛，嘴上說說。一旦制度與一把手的說法發生衝突，制度就被甩到一旁。

企業作為一個等級之地，沒有權威是萬萬不行的，但個人權威一旦過了頭，企業發展順利的時候，企業家就被眾星捧月，難以聽到真話，決策錯了也沒人敢說；一旦企業背運了，就眾叛親離，甚至落井下石，企業家成為孤家寡人。

重政府輕市場

一些企業家一方面痛恨行政干預，一方面想成為政府唯一的座上賓，這已成為一道痼疾。在市場競爭中，企業家常常花相當大的精力遊說政府，以獲得壟斷性政策或者某些特殊領域的特許經營權，以至於部分老百姓對某些富豪財富來源的正當性提出相當大的疑問。隨著加入 WTO，政府將在市場經濟中更多地扮演服務者角色，企業藉助政府獲得競爭優勢的「內戰」戰法就會漸漸失效，而遵循自由市場原則的戰法必將流行。

案例一　傑克・威爾許：全球 CEO 的偶像

1990 年代世界經濟嚴重衰退，無數企業舉步維艱，破產倒閉者比比皆是，但美國的 GE 公司卻一枝獨秀，這在相當程度上歸功於公司總裁威爾許（Jack Welch）的獨到經營策略。威爾許是 1980 年代初就任公司總裁的，一上臺就以其強硬的作風令世人矚目。在極短時間內，他使這個歷史悠久，但老態龍鍾、日漸衰落的企業面目一新，爆發出強大的活力。在 12 年裡，公司銷售收入成長了 2.5 倍，稅後淨利翻了 3 翻。為此，《金融世界》將威爾許稱為 1992 年度的「最佳總裁」。是什麼成就了威爾許的成功呢？

尊重他人，就能得到一切

威爾許在他的自傳中，有多處用不同的文字，概括他做人做事的一個基本原則和信念，即要尊重人，重視人，人就是一切，要以人為本。他以此作為自己人生的目的、理想、意義，作為自己的價值觀和道德觀，並作為公司的價值觀和企業文化。

尊重人，首先要平等待人，尊重每一個人的做人的權利，尊重他們自由的平等的發言權，以及他們自由發展創造的權利。要尊重人，有了人就會有一切。威爾許對人充滿著關心和激情，致力於發現、培養、造就了不起的人。他在接任公司執行長時說：「我夢想創造一家可以使人的發展超出他們的極限的公司，充分發揮每個人的獨立自主性、積極性、創造性和他們的聰明才智。」威爾許認為，執行長、各級經理，是領導，是創造，是發揮員工的創造性，而不是對員工的管理和控制，更不是對員工的統治。威爾許一直用很大的精力，反對各種形式和各個角落裡的官僚主義，反對強迫人、控制人去工作。

誠信做人，誠信做事

威爾許說，我在人生的旅程中產生一種哲學、一些對我們行之有效的基本理念，誠信是其中最重要的，做人要以誠信為本。誠信也是做事的根本原則，沒有什麼比公司的誠信更重要的了。我做事誠信，遵守遊戲規則，誠信是公司經營的基本準則，是公司基本的價值觀和企業文化。有人問他，你如何能將虔誠的基督教徒和優秀的商人同時兼顧呢？他回答說，是誠信，我做到了！他認為，激烈的競爭和誠信並不是水火不相容的，誠信是競爭的基礎，以絕對的誠信去努力地參加競爭，爭取真正的成功和勝利。他說，我們公司沒有警察，沒有監獄，我們依靠的是員工的誠信，誠信是一種相互信任和強大的凝聚力。誠信，也是人與人之間，各個單位、團體之間交往的原則。只有誠信，才能建立與各方面的，包括競爭對手、政府部門之間的良好關係，才能取得良好的發展環境和基礎。

成功來自自信心和意志力

當少年威爾許在冰球比賽中連續七場失利，憤怒而極為沮喪的時候，他的母親對著他大吼：「如果你不知道失敗是什麼，你就永遠不會知道怎樣才能獲得成功。」從而教會他要有堅強的自信心，懂得如何在競爭中接受失敗的必要。他說，我在公司的 41 年中，經歷了許多起伏浮沉，我現在才真正領會到「失敗乃成功之母」的含義。失敗並不可怕，可怕的是因為失敗而喪失了自信，失去了自信心，放棄了對成功和勝利的追求和信心。要建立堅強的自信心和自尊心，要堅信「我能行」，相信自己可以成為自己想成為的任何人，不會因為自己的一些缺陷或失敗而自卑不如人家，絕不因為各種強大的壓力而改變自己的意志和行為。要想成為同行中的佼佼者、勝利者、成功者，其道路是相當艱難的，並不是直線式發展的，需要自信、勇氣和頑強的意志。公司的成功，靠的是一群相信我們可以做任何想做的事的人，自信心給了他們勇氣、信心和意志，並使他們充分施展宏圖。

激情決定你的成就

如果有哪一種品質是成功者共有的，那就是極大的工作熱情。一個具有激情的人，是勇於向自己的極限挑戰，相信自己可以做任何事情的狂熱的人，是一個追求卓越和完滿，渴望發展和成功，富有創新精神和進取心，在每一項工作中力爭成為數一數二，或者冠軍、亞軍的人。激情是燃燒著的理想的火焰，不是浮誇和張揚的表現，而是一種發自內心深處的追求崇高理想的優秀品質。威爾許說過，我不是最聰明的學生，但我可以集中精力，全身心地熱情地投入工作，奮力打拚，去爭取成功。極大的工作激情能做到一美遮百醜，能夠補救我們的缺陷和不足。

威爾許把追求卓越，追求最優、高品質和完美、力爭數一數二的位置，作為公司的價值觀和企業文化。要使所有的員工都能感到，向自己的極限挑戰，是一件很愉快的事情和工作，感到自己能夠比我們心目中的自己做得更好。優秀的企業家、領導者，能夠燃起我們狂熱的工作熱情，使公司充滿著力爭卓越、力爭成為數一數二的激情。

勇於變革的創新精神

創新是永存的，人生的樂趣在於創造。創造、開拓，是一個人的重要特質。一個創意，能使一個企業注入活力和能量，踏上一個新的臺階，創造一個新的公司。創新精神，勇於承擔風險，勇於探索和嘗試，不論成功，或者失敗，都應該得到獎勵和祝賀。創新不是心血來潮，不是隨心所欲，創新是科學的決斷和科學的方法所形成的結果。

威爾許特別強調，創新首先要從當前的實際情況出發，而不是從過去的實際，或者自己的主觀願望出發，要有面對現實的觀點。形勢正在你聞所未聞地變化著，正在以你聞所未聞的速度進行著，要在尊重客觀條件的基礎上，抓住機遇，去創新，去競爭；其次，要有遠見，要有策略眼光，開啟眼界，開闊視野，洞察未來，對實際情況做出實事求是的分析和判斷，從策略上提出更多、更好的辦法，並把這些想法、觀點和遠見，傳遞給所有的人，使人們勇於創新；再次，要銳意變革，掀掉屋頂，創造新事物。要拋棄那些官僚主義、陳規陋習和因循守舊的思維，忘掉已經取得的成功，忘記昨天，開闢新的天地。一個不喜歡變革的人，是難以親手取得成功的。永不停留地變革和創新，是威爾許和奇異公司價值觀和企業文化中的重要組成部分。2001 年，威爾許在他退休的辭別會上說，我希望所有的人，把這公司掀個底朝天，搖晃它，掀掉屋頂，把這個公司辦成一個更好的公司，把它變成一個更加偉大的公司。此話生動地反映了威爾許與時俱進，永遠保持著的勇於變革和創新的精神。

今天的傑克·威爾許已經成為世界上最令人仰慕的商界領袖 CEO 們爭相仿效的偶像人物。他那先進和富有傳奇的管理思想和理念將永久地為全球企業的有識之士們所崇尚。

案例二　賈伯斯：善於品牌策劃的超級明星

史蒂夫．賈伯斯，美國蘋果公司創始人，他是一個美國式的英雄，幾經起伏，但依然屹立不倒，就像海明威（Ernest Miller Hemingway）在《老人與海》（*The Old Man and the Sea*）中說到的，一個人可以被毀滅，但不能被打倒。他創造了「蘋果」，掀起了個人電腦的風潮，改變了一個時代，但卻在最頂峰的時候被封殺，從高樓落到谷底，但是他又捲土重來，重新開始第二個「史蒂夫．賈伯斯」時代。

賈伯斯是個瘋狂的人—不合時宜的人、叛逆的人、搞破壞的人，你可以反對他、引述他、可以吹捧或汙衊他。但絕對不能忽視他。他是瘋子，是天才。因為唯有那些瘋狂到極點並自認為能改變世界的人，才真的改變了世界。不同凡「想」的賈伯斯，已成為一個品牌。那麼對我們有哪些啟迪呢？

清楚認識自己

一家企業的產品，如果沒有樹立自己的品牌，沒有自己的特色，在市場上是不可能取勝的。這已成為一個不爭的事實。推己及人，如果沒有個人品牌，沒有自己的幾手「絕活」，又怎麼能夠在激烈的人才市場上揮灑自如、力挫群雄呢？要建立個人品牌，必需根據個人實際和市場需求以及環境變化進行定位，努力培養自己在某一方面的特色。

賈伯斯對科技業的熱愛，對蘋果的熱愛，甚至在離開蘋果時，展現在用「報復」來對待蘋果。唯一可以讓你真正快樂的方法是去做你認為偉大的工作，而唯一能夠做出偉大成就的方法是熱愛你所做的工作。做你所想，愛你所想。

其次，專注執著。賈伯斯為做好一件事總是執著到成功，如在產品上，他總能把握未來 3 到 5 年的趨勢和方向，專注、集中於以產品改變世界。

其三，專業能力。專業能力代表了足夠的知識、技能，因為工作的需要，擁有專業能力的專家，就是知識豐富加上執行力強，是可以幫企業解決問題的人。「擁有專業能力」是一種絕佳的個人品牌，是一種內涵的呈現。由於不斷有新知及新技術的推出，為了避免過時，專家必須不斷地增進專業能力，這是「個人品牌」保持水準及提高其品質的方法！

塑造個性鮮明的的形象

賈伯斯個性鮮明，一雙穿舊的跑步鞋，一件套頭的深色毛衣，一條舊藍色牛仔褲，一臉的黑白相間鬍子渣，只有賈伯斯勇於穿著這樣的裝束參加商業活動。還有他的「龜脖衫」、無牌賓士車、「開放式的姿勢」、拆房子等，無不具有賈伯斯式個人的行事風格。但他相信未來無限可能，堅信科技改變世界、產品改變世界，追求完美，注重細節、再細節，打造的「海盜團隊」，又極大地感召感染了許多人，來和他一起成就偉業。

在這個極度商業化的社會裡，人們每天直接和間接接觸到的各類資訊數十條，包括商業的、人文的、軍事的、政治的、生活相關柴、米、油、鹽；道聽塗說、野史軼聞，可謂舉不勝舉。要讓人們清楚記得你的重要方法之一，就是建立自己獨特的個性的形象。

個性化的形象幫助賈伯斯從千千萬萬的企業家中脫穎而出。實際上，個性是個人品牌定位的具體展現，是對定位在日常生活中的闡釋。個性形象的塑造包括三個重要部分：人生觀、世界觀、價值觀、人才觀、工作觀、學術觀以及創新觀等思想部分，展現的是人的內涵與修養，著重於自身的「內秀」。

不斷追求卓越，提高競爭優勢

如果你什麼時候問賈伯斯：「你想做什麼？」他總是不假思索地回答：「我想改變世界。」他用生命和智慧創造產品，用產品改變世界，他做到了，他做得很好！人們廣泛使用 iPod、iPad、iPhone 切實地證明了賈伯斯的「我想改變世界」。

在被拋棄 12 年後的 1997 年，回歸蘋果的賈伯斯使用「四格策略」，首先想到的還是「產品」，還是他堅持認為的：無論是辦公室還是家庭，人人都需要電腦。蘋果可以幫助人們實現這個夢想，讓人人擁有一臺好用的電腦。

1998 年推出的以外形取勝的 iMac，更成為蘋果的復興之作。iMac 一改電腦的舊形象。再加上賈伯斯花了逾億美元大打廣告戰，使得 iMac 在美國及日本熱賣，3 年內賣出 500 萬部，蘋果順利度過財政危機。其後，2001 年 10 月釋出的 iPod 似乎可以堵住所有懷疑者的嘴，不再保守的只單一支援蘋果機，令 iPod 伴隨蘋果的音樂下載網站 iTunes 紅得發紫。創意與科技的結合，是賈伯斯的經營理念。這一理念從 Pixar 得到了最好的驗證。賈伯斯成為一個奇蹟，但這個奇蹟還將繼續進行下去。他總是給予人不斷的驚喜，無論是開始還是後來，他天才的電腦天賦;平易近人的處世風格;絕妙的創意腦筋；偉大的目標；處變不驚的領導風範築就了蘋果企業文化的核心內容，蘋果公司的雇員對他的崇敬簡直就是一種宗教般的狂熱。雇員甚至對外面的人說：我為賈伯斯工作（I work for Jobs）！

2004 年，賈伯斯被診斷患了癌症。一次掃描檢查，結果清楚地顯示賈伯斯的胰腺上長了一個腫瘤，並確診這是一種無法治癒的惡性腫瘤，最多還能活 3 到 6 個月。但是做了手術的賈伯斯，看起來奇蹟般地痊癒了。這次經歷之後。他說：「不要讓別人的觀點和聒噪聲淹沒自己的心聲。最重要的是，要有跟著自己感覺和直覺走的勇氣。」

當賈伯斯被查出癌症的消息不脛而走的時候，CNN 甚至第一時間寫了一篇〈如果沒了賈伯斯蘋果未來會怎樣？〉的文章。在他們看來，賈伯斯的患病令華爾街坐立不安，蘋果公司股票當天就下跌兩個百分點。而背後更深層面的疑問在於，面對數位消費電子與娛樂的洶湧，除了賈伯斯以外，似乎再也找不出一位能夠依靠一種文化精神，來駕馭一家電腦公司與一個卡通片製作室的人了。

2006 年 7 月英國《衛報》(*The Guardian*) 的媒體大亨 100 強排行榜中賈伯斯名列第二。對賈伯斯的評價是這樣的：「他改變了我們欣賞音樂的方式。賈伯斯正在計劃推出像電視機一樣的影片 iPod，可以在影片 iPod 上觀看從網路上下載的電影及 TV。」其中一位評審總結如下：「世界上幾乎沒有一個媒體行業是賈伯斯無法進入的。任何人都在猜測他接下來會做些什麼。他影響了每個人的想法。」

雖然今天，賈伯斯已經離我們遠去，但是他創造的蘋果帝國和他的果粉們仍然存在！

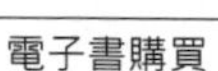

電子書購買

爽讀 APP

國家圖書館出版品預行編目資料

策劃的力量，無形資產的累積與保護：從傳播到策略，揭示企業崛起的核心 / 吳文輝 著 . -- 第一版 . -- 臺北市：財經錢線文化事業有限公司, 2024.07
面； 公分
POD 版
ISBN 978-957-680-930-9(平裝)
1.CST: 行銷策略 2.CST: 策略規劃
496　　113010573

策劃的力量，無形資產的累積與保護：從傳播到策略，揭示企業崛起的核心

臉書

作　　者：吳文輝
發 行 人：黃振庭
出 版 者：財經錢線文化事業有限公司
發 行 者：財經錢線文化事業有限公司

E-mail：sonbookservice@gmail.com
粉 絲 頁：https://www.facebook.com/sonbookss/
網　　址：https://sonbook.net/
地　　址：台北市中正區重慶南路一段 61 號 8 樓
8F., No.61, Sec. 1, Chongqing S. Rd., Zhongzheng Dist., Taipei City 100, Taiwan
電　　話：(02) 2370-3310　　傳真：(02) 2388-1990

印　　刷：京峯數位服務有限公司
律師顧問：廣華律師事務所 張珮琦律師

定　　價：375 元
發行日期：2024 年 07 月第一版
◎本書以 POD 印製
Design Assets from Freepik.com